江西美术出版社
全国百佳出版单位

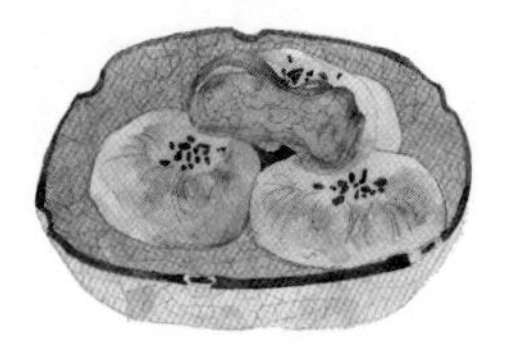

出版说明

《古人的雅致生活》系列丛书围绕古人论茶事、瓶花、器物、饮食、园林、赏石等经典著作，旨在重现古人的生活细节，重塑今人的生活格调。在第一辑图书出版后得到了来自读者的广泛好评，因此我们继续推出《古人的雅致生活》系列丛书第二辑，挑选了饮食、节序风俗、豢养宠物、美容养颜等方面的著作，向读者进一步展示古人丰富的生活细节。本次仍以原文与译文对照阅读、精美配画辅助理解，同时配画则力求反映原文之大意，以图说文，兼具欣赏性与实用性。

在古代，在吃的方面恐怕没有谁能够超越袁枚了。作为冠绝天下的美食大师，他出版了一部中国古代重要的饮食文化著作——《随园食单》。作为中国饮食文化史上的百科全书，袁枚的《随园食单》内容丰富，包罗万象。全书分为须知单、戒单、海鲜单、江鲜单、特牲单、杂牲单、羽族单、水族有鳞单、水族无鳞单、杂素菜单、小菜单、点心单、饭粥单、茶酒单十四个部分，详细论述了中国十四至十八世纪中叶流行的三百多种菜式。全书分类严谨，文字生动，旁征博引，既有故事性又有较强的实用性和可操作性。同时也为中国饮食文化的发展在思想文化价值上做了更多理论上的探讨，表现了其文化思想的先进创新观念，诸多论述，在今天仍不失其意义。

本次挑选的《节序同风录》是一部专门描述古时节序风情的作品，详述了一年十二个月的风俗事宜，极富可读性，文中所提部分节俗读来让人不禁莞尔。

该书作者孔尚任，清代人，以诗文传奇名，所著《桃花扇》为清代昆曲扛鼎之作。孔氏在本书中所描述的习俗以北地为主，也兼有吴楚南中之俗，是国人研究古人节序风俗的重要著作。

古无专书记猫事。清咸丰年间，黄汉先生广阅经史子集，为猫辑出了一部《猫苑》。书有上下两卷，分种类、形象、毛色、灵异、名物、故事、品藻七门。文章内容罗列历史典故，结合时事见闻，文后多有黄氏批注，生动有趣，遇着新奇的便用自家猫做实验以相佐证，足见古人养猫豢宠乐在其中的浪漫情怀。

《香奁润色》是明代胡文焕专为女子美饰所写的一本方书，大抵便是古时的美容宝典了。书中收集了历代医典、生活用书中的成果，『聊为香奁之一助』，堪称古代妇女之友。但本书仅体现了古人美容养颜、治疗预防疾病的思路，并不代表所著之内容适合每一个人。中医治疗最讲究辨证施治，因此读者在阅读后切不可盲目照搬，一定要在咨询了相关专业美容医师得到肯定的情况下再行调整。

上述内容由于原文篇幅过长，或部分内容过于荒诞怪异，因此我们对相应内容进行了精减调整，以更切合图书体例，符合大众的阅读习惯。希望本套丛书对读者的现实生活能有所助力，在重塑今人生活情调方面能有所裨益。

序

诗人美周公而曰：『笾豆有践』，恶凡伯而曰：『彼疏斯稗』。古之于饮食也，若是重乎？他若《易》称『鼎烹』，《书》称『盐梅』。《乡党》《内则》琐琐言之。孟子虽贱饮食之人，而又言饥渴未能得饮食之正。可见凡事须求一是处，都非易言。《中庸》曰：『人莫不饮食也，鲜能知味也。』《典论》曰：『一世长者知居处，三世长者知服食。』古人进鬐离肺，皆有法焉，未尝苟且。『子与人歌而善，必使反之，而后和之。』圣人于一艺之微，其善取于人也如是。

余雅慕此旨，每食于某氏而饱，必使家厨往彼灶觚，执弟子之礼。四十年来，颇集众美，有学就者，有十分中得六七者，有仅得二三者，亦有竟失传者。余都问其方略，集而存之。虽不甚省记，亦载某家某味，以志景行。自觉好学之心，理宜如是。虽死法不足以限生厨，名手作书，亦多出入，未可专求之于故纸，然能率由旧章，终无大谬。临时治具，亦易指名。

或曰：『人心不同，各如其面。子能必天下之口，皆子之口乎？』曰：『执柯以伐柯，其则不远。吾虽不能强天下之口与吾同嗜，而姑且推己及物；则食饮虽微，而吾于忠恕之道，则已尽矣。吾何憾哉？』若夫《说郛》所载饮食之书三十余种，眉公、笠翁，亦有陈言。曾亲试之，皆阏于鼻而蜇于口，大半陋儒附会，吾无取焉。

序（译文）

诗人赞美周公时，会说：『盛着食物的碗碟，整齐有序地排在桌上』，以此来称赞周公把国家治理得井然有序。而指责凡伯时，则说：『别人都在吃粗粮而这种人却能吃细粮』，以此来表达对凡伯治国无方的厌恶。两者都以饮食来比喻治国的成败，可见古人对饮食是多么重视。其他如《周易》中提到用鼎来烹煮食物，《尚书》中提到了作为调味品的盐和梅子，《乡党》《内则》之中也有一些关于饮食的论述。孟子虽然看不起那些只知道吃喝的人，但他同样认为，饥渴之人并不能真正体会到饮食本身的滋味。可见，任何事情要做得好，都不是那么容易的。《中庸》写道：『没有人是不吃喝的，但很少有人能真正懂得食物的美味。』《典论》写道：『一代地位尊贵的人，懂得建造舒适房屋的道理；而只有三代都地位尊贵的人，才真正懂得着装饮食之道。』古人祭祀时，进献鱼及分割动物肺器的方法都是有一定规矩的，来不得半点马虎。孔子跟别人一起唱歌，别人唱得好时，孔子一定要请他再唱一遍，之后自己也跟着合唱。圣人对于唱歌这种小小的技艺，都能虚心向别人学习。

我非常敬仰这种精神，每次在别人家吃到可口的饭菜，一定让自家的厨师向做出好菜的厨师拜师学习厨艺。四十年来，我收集了众多烹饪技艺，其中有一些已经完全掌握，有的只学到了六七成，有的仅仅学会了两三成，也有的已经完全失传。对于这些美食，我都询问了它们的烹饪方法，集合并记录下来。虽然有些烹饪方法记载得并不是很清楚，但我也记下了它们出自谁家，以表达我的仰慕之情。我认为要虚心学习，就应该这样子做。当然，记载的烹饪方法是死的，而厨师是活的，技艺娴熟的厨师不会受到这些僵硬的技法限制，而且即使是名家的作品，也会有一些错误的地方，所以不能只在旧书堆里寻找方法。但是，如果能按照旧书上说的方法去做，终归也不会出现什么大的错误，临时置办宴席，也可以按照这些烹饪之法，做出一些可以说得出名堂来的菜。

有人会说：『人心各不相同，就像人的长相各不相同一样。您怎能确定别人的口味和您的一样呢？』我回答：『按照原来的方法去做就不会相差太远。就像拿着一个斧柄去重新砍出一个斧柄，只要按照手里那个斧柄的样子去砍就行了。我虽然不能强求大家的口味都跟我一样，但不妨把我的想法告诉别人。饮食虽然是小事，但能与他人共享，也算是尽了忠恕之道，我也没有什么可感到遗憾的了。』至于《说郛》中所记载的关于饮食的三十多种书籍，陈继儒和李渔也有饮食方面的著述。我曾经尝试照着所记载的方法去做，但做出来的菜味道刺鼻，难以下咽，多半是浅薄无聊的文人所汇集的牵强附会的说法，就不收入我的书中了。

目录

须知单

戒单

饭粥单

茶酒单

学问之道，先知而后行，饮食亦然。作《须知单》。

求知求善，应该先认识它，而后再去践行。饮食也是如此，所以写了《须知单》。

须知单

先天须知

原

凡物各有先天，如人各有资禀。人性下愚，虽孔、孟教之，无益也；物性不良，虽易牙烹之，亦无味也。指其大略：猪宜皮薄，不可腥臊；鸡宜骟嫩，不可老稚；鲫鱼以扁身白肚为佳，乌背者，必崛强于盘中；鳗鱼以湖溪游泳为贵，江生者，必槎丫其骨节；谷喂之鸭，其膘肥而白色；壅土之笋，其节少而甘鲜；同一火腿也，而好丑判若天渊；同一台鲞也，而美恶分为冰炭。其他杂物，可以类推。大抵一席佳肴，司厨之功居其六，买办之功居其四。

译

世间万物都有它们与生俱来的品质与特性，就像人都有各自的资质禀赋一样。如果一个人过于愚笨，那就算是孔子、孟子来教他，恐怕也是无能为力的。同样的，食材质量不好的话，就算是易牙这样的名厨来了，也很难把它们做成美味佳肴。大体上来看：猪肉应当皮薄一点，不宜带有腥臊气；鸡肉最好取自鲜嫩的骟鸡或童子鸡，不宜选用太老或太小的鸡；选取的鲫鱼最好是扁身白肚子的，而乌背的鲫鱼，脊骨较粗，会僵硬地凸起在盘中，没有食相，倒人胃口；在湖泊和溪流中生活的鳗鱼最好，生活在江水里的鳗鱼，鱼刺硬且错乱，就像树枝一样；用谷物喂养的鸭子，

先天须知

长得又白又肥；在肥沃的土壤中生长出来的竹笋，竹节少，味道鲜美；即使同为火腿，不同的火腿质量也有天壤之别；台鲞也是如此，不同的品质有如冰炭一样差别巨大。其他的各种食材都可以此类推。所以说，大体上做出一桌美味佳肴，负责烹饪的厨师的功劳占六成，而采购食材的人的功劳则占了四成。

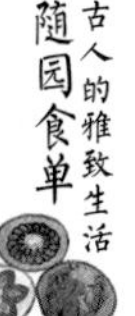

作料须知

原

厨者之作料，如妇人之衣服首饰也。虽有天姿，虽善涂抹，而敝衣蓝褛，西子亦难以为容。善烹调者，酱用伏酱，先尝甘否；油用香油，须审生熟；酒用酒酿，应去糟粕；醋用米醋，须求清冽。且酱有清浓之分，油有荤素之别，酒有酸甜之异，醋有陈新之殊，不可丝毫错误。其他葱、椒、姜、桂、糖、盐，虽用之不多，而俱宜选择上品。苏州店卖秋油，有上、中、下三等。镇江醋颜色虽佳，味不甚酸，失醋之本旨矣。以板浦醋为第一，浦口醋次之。

译

厨师使用的作料，恰如女人的衣服首饰。有的女子虽貌若天仙，也善于涂脂抹粉，若穿着破烂，即使是西施也难以凸显其美。精于烹调之人，用酱当用夏日三伏天制作的酱，还需亲自品尝是否味道甜美；油则用香油，须辨是生油还是熟油；酒则用发酵的米酒，须滤其糟粕；醋用米醋，要清爽纯冽，醇而不浑。而且酱有清淡与浓烈之分，油有荤素差别，酒有酸甜的差异，醋也有陈醋和新醋的不同，使用时不可有丝毫的差错。其他如葱、椒、姜、桂、糖、盐等，虽使用不多，也应选质量上好的。苏州店铺所卖的秋油，有上、中、下三个等级。镇江醋颜色虽好，但酸味不太足，失去了醋所应有的特色。醋以板浦醋最好，其次为浦口醋。

作料须知

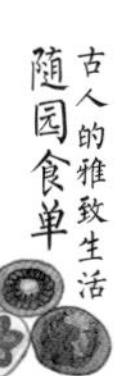

洗刷须知

洗刷之法，燕窝去毛，海参去泥，鱼翅去沙，鹿筋去臊。肉有筋瓣，剔之则酥；鸭有肾臊，削之则净；鱼有胆破，而全盘皆苦；鳗涎存，而满碗多腥；韭删叶而白存，菜弃边而心出。《内则》曰：『鱼去乙，鳖去丑。』此之谓也。谚云：『若要鱼好吃，洗得白筋出。』亦此之谓也。

对食材进行清洁要讲究方法，清洗燕窝的时候要把窝中的燕毛拣干净，海参中的泥要冲掉，鱼翅中黏着的沙子要洗掉，鹿筋食用前则要去除臊味。猪肉中有筋瓣，只有把它们都剔去，猪肉才会烧得酥透；鸭子肾臊味重，把它割去后臊味才会消失；做鱼时，鱼胆破了，整盘菜都会变苦；鳗鱼身上的黏液如果不清洗干净，满盘菜都会被腥味占据；吃韭菜时应该去掉叶子只留下韭白；青菜要去掉边缘部分，只留下菜心。《礼记·内则》中写道：『吃鱼要去掉鱼目旁的骨头，吃鳖要去掉鳖的肛门。』讲的就是清洁食材的方法。俗话说：『要想把鱼做得好吃，就要把白筋洗出来。』说的也是这个道理。

洗刷须知

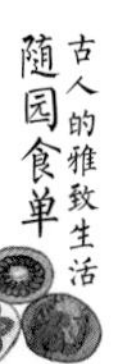

调剂须知

原

调剂之法，相物而施。有酒、水兼用者，有专用酒不用水者，有专用水不用酒者；有盐、酱并用者，有专用清酱不用盐者，有用盐不用酱者；有物太腻，要用油先炙者；有气太腥，要用醋先喷者；有取鲜必用冰糖者；有以干燥为贵者，使其味入于内，煎炒之物是也；有以汤多为贵者，使其味溢于外，清浮之物是也。

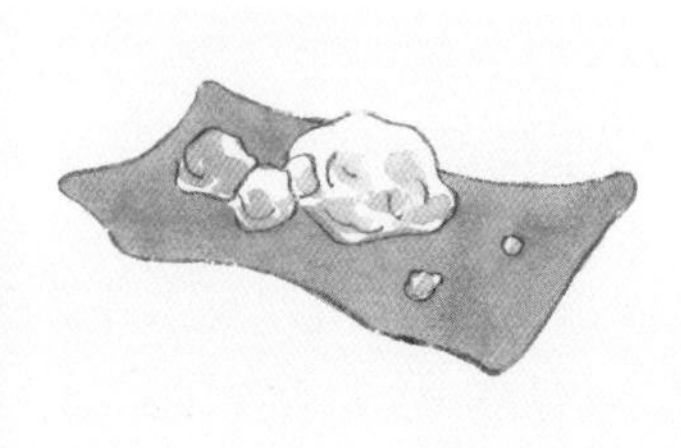

译

调剂食物的方法，根据食物的不同而有所差别。有的菜必须和酒、水一起烧制，有的菜只用酒不用水，而有的菜则只用水不用酒；有的菜需要和盐、清酱一起烧制，而有的菜只用清酱不用盐，有的菜则只用盐不用清酱；有的食物过于油腻，必须先用油炸一下，以出肥油；有的食物腥气太重，要先用醋喷一下，去腥味；有的食物需要用冰糖提鲜；有的菜干一点为好，能让食物的味道充分浸入其中，煎炒的菜多是用的这个方法；有的菜汤多一点为好，能使食物的美味散发出来，那种清汤且使食物漂浮在汤面上的菜，就是用的这个方法。

调剂须知

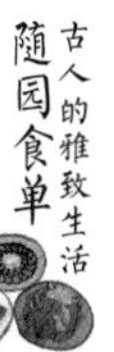

配搭须知

原

谚曰：『相女配夫。』《记》曰：『拟人必于其伦。』烹调之法，何以异焉？凡一物烹成，必需辅佐。要使清者配清，浓者配浓，柔者配柔，刚者配刚，方有和合之妙。其中可荤可素者，蘑菇、鲜笋、冬瓜是也。可荤不可素者，葱、韭、茴香、新蒜是也。可素不可荤者，芹菜、百合、刀豆是也。常见人置蟹粉于燕窝之中，放百合于鸡、猪之肉，毋乃唐尧与苏峻对坐，不太悖乎？亦有交互见功者，炒荤菜，用素油，炒素菜，用荤油是也。

译

俗话说：『什么样的女子要配什么样的丈夫。』《礼记》中也写道：『要对一个人进行评判，必须从这个人的同类中寻找对比者。』对烹调的方法来说，这个道理难道不适用吗？要做好一道菜，必须要有合适的材料进行搭配。味道清淡的菜要用清淡的配料进行搭配；浓烈的菜要用浓烈的配料搭配；而较柔和的菜要用柔和的配料搭配；同样地，刚硬的菜要用刚硬的配料搭配，只有做到这些，才能做出和美的菜肴。有些菜，既可与荤搭配，也可与

配搭须知

素搭配，如蘑菇、鲜笋、冬瓜；有些菜可以与荤搭配，却不可以与素搭配，如葱、韭菜、茴香、新蒜；而有的菜可以与素搭配，却不可以与荤搭配，如芹菜、百合、刀豆。经常可以看到有人把蟹粉放到燕窝之中，把百合放入鸡肉或猪肉之中，这种搭配方式就如同远古时期的唐尧和西晋的苏峻对坐，太过荒谬。也有荤素交互使用的情况，如炒荤菜时用素油，或者炒素菜时用荤油，则效果更好。

独用须知

原

味太浓重者，只宜独用，不可配搭。如李赞皇、张江陵一流，须专用之，方尽其才。食物中，鳗也，鳖也，蟹也，鲥鱼也，牛羊也，皆宜独食，不可加搭配。何也？此数物者味甚厚，力量甚大，而流弊亦甚多，用五味调和，全力治之，方能取其长而去其弊。何暇舍其本题，别生枝节哉？金陵人好以海参配甲鱼，鱼翅配蟹粉，我见辄攒眉。觉甲鱼、蟹粉之味，海参、鱼翅分之而不足；海参、鱼翅之弊，甲鱼、蟹粉染之而有余。

译

自身味道太浓重的食物只适合单独食用，不适合与其他食物搭配。这就如同李绛、张居正这类性格刚烈又精明能干的人，对于他们要单独使用，才能充分发挥他们的才能。食物中，鳗鱼、鳖、蟹、鲥鱼、牛羊肉等，都应该单独食用，不能搭配其他食物。为什么呢？因为它们味道都比较浓厚，但短处也很多，要用调料全力配合才能取长补短。这种情况下，哪有工夫去舍弃它们本身的味道，而去考虑搭配其他食物呢？南京人喜欢用海参搭配甲鱼，用鱼翅搭配蟹粉，我见后不禁皱起眉头。蟹粉的味道，不足以分给海参和鱼翅；而海参和鱼翅身上不好的味道，污染甲鱼和蟹粉的美味，却绰绰有余。

独用须知

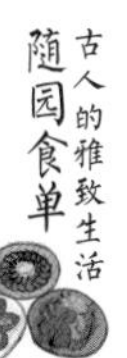

火候须知

原

熟物之法，最重火候。有须武火者，煎炒是也；火弱则物疲矣。有须文火者，煨煮是也；火猛则物枯矣。有先用武火而后用文火者，收汤之物是也；性急则皮焦而里不熟矣。有愈煮愈嫩者，腰子、鸡蛋之类是也。有略煮即不嫩者，鲜鱼、蚶蛤之类是也。肉起迟则红色变黑，鱼起迟则活肉变死。屡开锅盖，则多沫而少香。火熄再烧，则走油而味失。道人以丹成九转为仙，儒家以无过、不及为中。司厨者，能知火候而谨伺之，则几于道矣。鱼临食时，色白如玉，凝而不散者，活肉也；色白如粉，不相胶粘者，死肉也。明明鲜鱼，而使之不鲜，可恨已极。

译

对于烹饪来说，最重要的是掌握好火候。有的菜必须要用猛火，如煎炒的菜；火力太弱，菜就会变得疲弱，没有味道。而有的菜则必须要用文火烧制，如煨煮的菜；火力太猛，就会使食物变枯干。有的菜需要先用猛火烧制，然后再转用文火，需保留汤汁的食物就要用这种方法；如果太性急，食物的外皮会焦掉，但内里却还没熟透。有些菜会越煮越嫩，腰子和鸡蛋就属于这一类。有些菜稍微煮一下，肉质就会变老，不再鲜嫩，鲜鱼、蚶蛤之类的就是如此。猪肉和鱼肉出锅都要及时，猪肉出锅迟了，肉就不再鲜红，而会变成黑色；鱼肉出锅迟了，鲜嫩的鱼肉就会变成死肉。烹饪时，如果屡次打开锅盖，锅内的香味就会变少，而菜上的泡沫反而会增多；如果在熄火之后再烧制，菜会走油，香味也会失掉。道家炼

火候须知

丹，需九转提炼才能得仙丹；而儒家也讲究做事既不要过头，也不要做得不够，中庸为恰到好处。掌勺的厨师，如果做菜的时候能对火候了然于胸，并且能谨慎地掌控住，那他就大体掌握了烹饪之道。鱼肉出锅之后，如果它色白如玉，凝而不散，那就是鲜活的鱼肉；而如果它色白如粉，鱼肉松松垮垮的，那它就变成了死肉。把鲜美的鱼做成死肉，真是可恨之极。

色臭须知

原

目与鼻，口之邻也，亦口之媒介也。嘉肴到目、到鼻，色臭便有不同。或净若秋云，或艳如琥珀，其芬芳之气，亦扑鼻而来，不必齿决之，舌尝之，而后知其妙也。然求色不可用糖炒，求香不可用香料。一涉粉饰，便伤至味。

译

眼睛和鼻子，是嘴巴的近邻，也是嘴巴的媒介。一道好菜，一过眼鼻，它的色感和气味区别就出来了。有的菜肴干净清爽，像秋天的云彩，有的菜肴颜色如琥珀般艳丽，它的芳香之气扑鼻而来，不用牙咬舌尝，便可知其美味。但是，要使菜肴颜色美艳，不可用糖炒，要给菜肴提香，不可用香料。一味地追求调味粉饰，就会伤及食材本味。

色臭须知

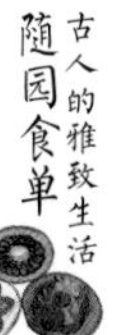

迟速须知

原

凡人请客，相约于三日之前，自有工夫平章百味。若斗然客至，急需便餐；作客在外，行船落店。此何能取东海之水，救南池之焚乎？必须预备一种急就章之菜，如炒鸡片，炒肉丝，炒虾米豆腐，及糟鱼、茶腿之类，反能因速而见巧者，不可不知。

译

大凡是要请客的，一般都在请客的三天前就约好，这样主人就会有充足的时间准备各式各样的食物。如果客人突然来了，就急需做一些简便的饭菜；若在他乡做客，乘船住店，这种情况下，就不能靠取东海的水来扑灭遥远的南池的火了。必须要预备一种可以拿来应急的菜肴，比如炒鸡片、炒肉丝、炒虾米豆腐，以及糟鱼、茶腿等。这些都是快速能见功效的菜，厨师们对此都要有所了解。

迟速须知

变换须知

原

一物有一物之味，不可混而同之。犹如圣人设教，因才乐育，不拘一律。所谓君子成人之美也。今见俗厨，动以鸡、鸭、猪、鹅，一汤同滚，遂令千手雷同，味同嚼蜡。吾恐鸡、猪、鹅、鸭有灵，必到枉死城中告状矣。善治菜者，须多设锅、灶、盂、钵之类，使一物各献一性，一碗各成一味。嗜者舌本应接不暇，自觉心花顿开。

译

每种食物都有自己独特的滋味，不可以将它们混在一起烹调。就如同圣人办学，注重因材施教，对不同的人用不一样的教育手段，这就是所谓的君子成人之美。当今，看到很多平庸的厨子，动不动就把鸡、鸭、猪、鹅等放在一个锅里一起煮。大家都这样，所有的菜都一个味，吃的人会感觉味同嚼蜡。假使鸡、猪、鹅、鸭死后有灵魂的话，它们一定会到枉死城去告冤状！因此善于烹饪的厨师，必须多备一些锅、灶、盂、钵之类的器具，使每种食物都保留各自的特性，每碗菜都有各自的滋味。热爱美食的人面对各种菜，舌头都停不下来，自然会心花怒放。

变换须知

器具须知

原

古语云：美食不如美器。斯语是也。然宣、成、嘉、万，窑器太贵，颇愁损伤，不如竟用御窑，已觉雅丽。惟是宜碗者碗，宜盘者盘，宜大者大，宜小者小，参错其间，方觉生色。若板板于十碗八盘之说，便嫌笨俗。大抵物贵者器宜大，物贱者器宜小。煎炒宜盘，汤羹宜碗，煎炒宜铁锅，煨煮宜砂罐。

译

古语说：『美食不如美器。』这句话说得很对。但是明代宣德、成化、嘉靖、万历年间烧制的瓷器都太贵重，使用它们，会担心有所破损。不如就使用御窑生产的瓷器，也有雅致秀丽之感。只是要注意，该用碗的时候就用碗，该用盘子的时候就用盘子，该用大的时候就用大的，该用小的时候就用小的，各式各样的器具交错在饭桌上，才会给饭菜增色。如果拘泥于呆板的十大碗、八大盘的规矩，就会给人以愚蠢粗俗之感。大体来说，盛放比较珍贵食物的器具要大一些，盛放比较便宜的食物的器具要小一些；煎炒的食物适合用盘子装，而汤羹则适合用碗装；煎炒需要用铁锅，煨煮则需要用砂罐。

器具须知

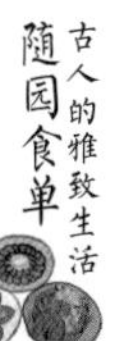

上菜须知

原

上菜之法：盐者宜先，淡者宜后；浓者宜先，薄者宜后；无汤者宜先，有汤者宜后。且天下原有五味，不可以咸之一味概之。度客食饱，则脾困矣，须用辛辣以振动之；虑客酒多，则胃疲矣，须用酸甘以提醒之。

译

上菜有一定的技巧：味咸的菜先上，味淡的菜后上；味道浓厚的菜先上，味道寡淡的菜后上；没有汤的菜先上，有汤的菜后上。天下的菜肴本来就包括了酸、甜、苦、辛、咸五种味道，不能单以咸味概括。估计客人已经吃饱了，脾脏也困乏了，这时需要用辛辣的食物来刺激一下食欲；考虑到客人酒喝多了，胃脏有些疲惫了，这时则需要用有酸味或甜味的食物来提提神。

上菜须知

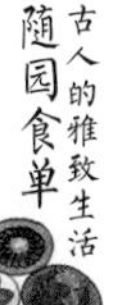

时节须知

原

夏日长而热，宰杀太早，则肉败矣。冬日短而寒，烹饪稍迟，则物生矣。冬宜食牛羊，移之于夏，非其时也。夏宜食干腊，移之于冬，非其时也。辅佐之物，夏宜用芥末，冬宜用胡椒。当三伏天而得冬腌菜，贱物也，而竟成至宝矣。当秋凉时而得行鞭笋，亦贱物也，而视若珍馐矣。有先时而见好者，三月食鲥鱼是也。有后时而见好者，四月食芋艿是也。其他亦可类推。有过时而不可吃者，萝卜过时则心空，山笋过时则味苦，刀鲚过时则骨硬。所谓四时之序，成功者退，精华已竭，褰裳去之也。

译

夏季白天长且炎热，畜禽宰杀得太早，肉就容易腐败变质。冬季白天短而寒冷，烹饪时间稍短，菜肴不易熟透。冬天适宜吃牛羊肉，如果移到夏天食用，就不合时宜。夏天适宜吃干腊食品，移到冬天吃，也不是时候。至于调料和辅料，夏季应当用芥末，冬季应当用胡椒。冬天腌制的咸菜本不值钱，但在三伏天能吃到，也会爱如珍宝。行鞭笋本来也是廉价的食品，但在秋凉时节得而烹之，会被人视作珍贵又美味的食物。有些食物早于季节食用，味道更美，像三月吃鲥鱼。也有晚于季节而好吃的，像四月吃芋艿。还有很多食物也是如此。有些食物过了时节就不能食用了，如萝卜过时就空心，山笋过时味就苦了，鲚鱼过时骨头就变硬。所以，万物生长，四时有序，盛时一过，精华已尽，光彩不再。

时节须知

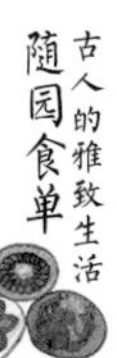

多寡须知

原

用贵物宜多，用贱物宜少。煎炒之物多，则火力不透，肉亦不松。故用肉不得过半斤，用鸡、鱼不得过六两。或问：食之不足，如何？曰：俟食毕后另炒可也。以多为贵者，白煮肉，非二十斤以外，则淡而无味。粥亦然，非斗米则汁浆不厚，且须扣水，水多物少，则味亦薄矣。

译

一道菜中，贵重的原料应多放些，而便宜的原料，用量要少放些。需要煎炒的食物，原料多了，火力炒不透它，肉质也不会酥松。因此，一盘荤菜，猪肉不可超过半斤，鸡、鱼不可超过六两。若有人问：『不够吃怎么办？』只需答：『等吃完后再另炒一盘就是了。』有的菜，必须量大才美味，白煮肉就是这样的，不是二十斤以上，就会清淡而没有味道。熬粥也是如此，没有一斗米下锅，粥浆就不黏稠，而且熬粥要控制用水量，水多米少，则粥的味道就会淡薄。

多寡须知

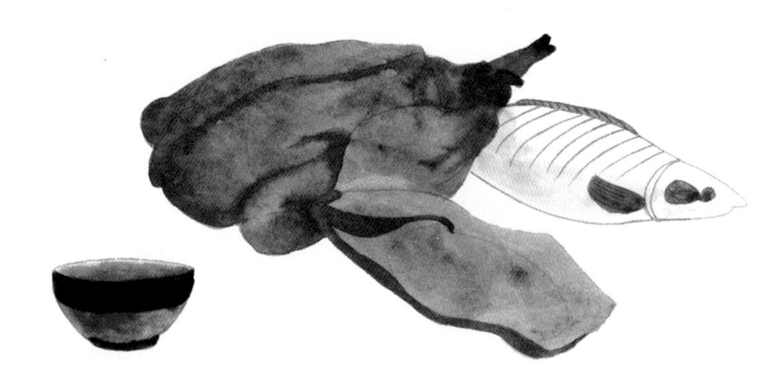

洁净须知

原

切葱之刀，不可以切笋；捣椒之臼，不可以捣粉。闻菜有抹布气者，由其布之不洁也；闻菜有砧板气者，由其板之不净也。『工欲善其事，必先利其器。』良厨先多磨刀，多换布，多刮板，多洗手，然后治菜。至于口吸之烟灰，头上之汗汁，灶上之蝇蚁，锅上之烟煤，一玷入菜中，虽绝好烹庖，如西子蒙不洁，人皆掩鼻而过矣。

译

切过葱的刀，不可再去切笋；捣椒的臼，不能再用来捣粉。闻到菜有抹布味，肯定是抹布不干净；闻到菜有菜板气味，是因为菜板不干净。『工欲善其事，必先利其器。』优秀的厨师先要讲究勤磨菜刀、勤换抹布、勤刮砧板、勤洗手，然后再做菜。至于吸进的烟灰、头上的汗水、灶上的蝇蚁、锅上的烟煤，一旦玷污了菜肴，即使再精心制作的佳品，也像西施脸上沾染了污秽之物，人人都会掩鼻而过。

洁净须知

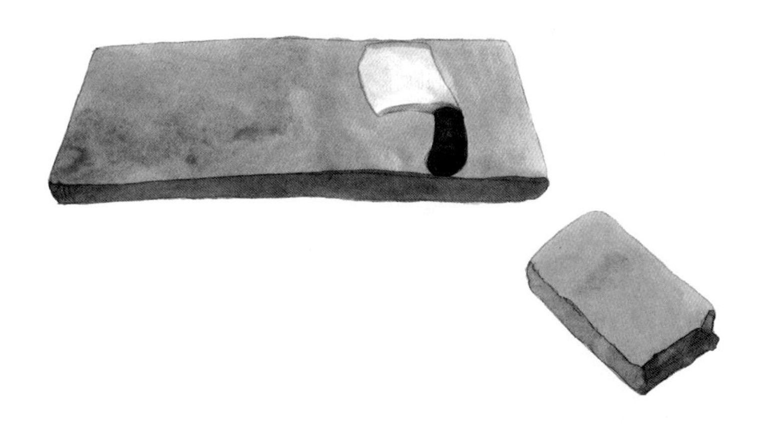

用纤须知

原

俗名豆粉为纤者，即拉船用纤也，须顾名思义。因治肉者要作团而不能合，要作羹而不能腻，故用粉以牵合之。煎炒之时，虑肉贴锅，必至焦老，故用粉以护持之。此纤义也。能解此义用纤，纤必恰当，否则乱用可笑，但觉一片糊涂。《汉制考》齐呼曲麸为媒，媒即纤矣。

译

我们一般把豆粉称为纤，就好比拉船用的纤绳。这要从它的字面意思来理解，由于做肉团却很难把肉黏合在一起，要做羹却不能过腻，这时候就需要用豆粉来使之黏合起来。煎炒的时候，担心肉会贴到锅上，从而烧焦，所以要用豆粉裹在肉的表面，保护鲜肉不会粘到锅上。这就是豆粉在烹饪时的用处。能理解豆粉这种用处的厨师，肯定能把豆粉用得恰到好处。而乱用豆粉，就会闹出笑话，让人看了一塌糊涂。《汉制考》记载，齐国人称曲麸为媒，而媒就是纤的意思。

用纤须知

选用须知

原

选用之法，小炒肉用后臀，做肉圆用前夹心，煨肉用硬短勒。炒鱼片用青鱼、季鱼，做鱼松用鲜鱼、鲤鱼。蒸鸡用雏鸡，煨鸡用骟鸡，取鸡汁用老鸡；鸡用雌才嫩，鸭用雄才肥；莼菜用头，芹韭用根，皆一定之理。余可类推。

译

选用食料需要一定的方法。小炒肉要选用猪腿紧靠后臀部位的肉，做肉圆要用前夹心肉，煨肉则要用肋骨条下的板状肉。做炒鱼片要用青鱼或鳜鱼，做鱼松则要用草鱼或鲤鱼。蒸鸡要用雏鸡，煨鸡要用阉割掉的鸡，提取鸡汁要用老母鸡；母鸡鲜嫩，雄鸭肥美。莼菜要采摘顶端的嫩叶，而芹菜和韭菜则要食用根茎，这些都是有理可循的。其余食料的选用也可以此类推。

选用须知

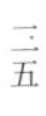

疑似须知

原

味要浓厚，不可油腻；味要清鲜，不可淡薄。此疑似之间，差之毫厘，失之千里。浓厚者，取精多而糟粕去之谓也。若徒贪肥腻，不如专食猪油矣。清鲜者，真味出而俗尘无之谓也。若徒贪淡薄，则不如饮水矣。

译

菜肴的味道要浓厚，但不要油腻，味道要清鲜，但不要淡薄。这不是一件容易的事，稍有偏差，菜的味道就会差之千里。菜味浓厚，就是说要撷取精华而去掉糟粕。如果只是贪图肥腻的味觉，那就只吃猪油好了。而菜味清鲜，则是指保留食物的本味而不沾染上杂味。如果只是喜欢淡薄寡味，那就只喝白开水好了。

疑似须知

补救须知

原

名手调羹，咸淡合宜，老嫩如式，原无需补救。不得已为中人说法，则调味者，宁淡毋咸，淡可加盐以救之，咸则不能使之再淡矣。烹鱼者，宁嫩毋老，嫩可加火候以补之，老则不能强之再嫩矣。此中消息，于一切下作料时，静观火色，便可参详。

译

名厨烹制饭菜，咸淡相宜，老嫩适中，口味最佳，无须后续再进行补救。但对厨艺一般的厨师，还需要就补救的技巧做一些说明。在调味的时候，宁可味道调淡一点，也不要调得过咸，淡了还可以再加盐补救，咸了就淡不回去了。做鱼时，宁可烧得嫩一些，也不要烧老，嫩了还可以多烧一会儿来补救，老了就不能再强迫肉变嫩了。关键在于各种作料下锅时，要仔细观察火候的变化，这样就能明白其中的道理了。

补救须知

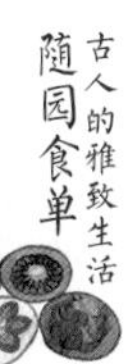

本份须知

原

满洲菜多烧煮，汉人菜多羹汤，童而习之，故擅长也。汉请满人，满清汉人，各因所长之菜，转觉入口新鲜，不失邯郸故步。今人忘其本分，而要格外讨好。汉请满人用满菜，满请汉人用汉菜，反致依样葫芦，有名无实，画虎不成反类犬矣。秀才下场，专作自己文字，务极其工，自有遇合。若逢一宗师而摹仿之，逢一主考而摹仿之，则掇皮无异，终身不中矣。

译

满洲菜大多用烧煮的做法，汉人菜则以羹汤为主，他们从儿童时期就学习各自的菜式，所以都很擅长各自的做法。汉人宴请满人，或者满人宴请汉人，他们各用自己擅长的菜式，反而让客人觉得清鲜美味，不会失掉自己的饮食特色。现在的人却常常忘记保持自己的饮食特色，而刻意去讨好宾客，汉人宴请满人时做满洲菜，满人宴请汉人时做汉人菜，导致依样画葫芦，反而没有做出对方菜式的特色，徒有其名，遭人耻笑。秀才进了考场，专心做好自己的文章，用心雕琢，自然会遇到赏识自己的人。如果一味地模仿，遇到宗师就模仿宗师，遇到考官就模仿考官，这样只能学到皮毛，一辈子都难以考中。

本份须知

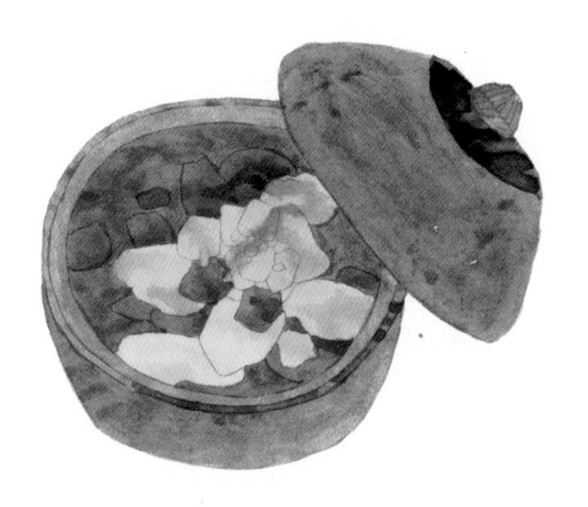

为政者兴一利，不如除一弊，能除饮食之弊，则思过半矣。作《戒单》。

从政的人为人民做一件好事，不如除掉一个弊端。而在饮食方面，能除掉其中的弊端，也就对饮食之道悟透一大半了。因此写了《戒单》一章。

戒单

戒外加油

原

俗厨制菜，动熬猪油一锅，临上菜时，勺取而分浇之，以为肥腻。甚至燕窝至清之物，亦复受此玷污。而俗人不知，长吞大嚼，以为得油水入腹。故知前生是饿鬼投来。

译

水平不高的厨师做菜动不动就要熬一锅猪油，上菜时用勺子把油舀出，分别浇在各种菜上，认为这样会给菜增加肥腻之感。甚至连燕窝这种非常清淡的食物都免不了被猪油玷污。一般人也不甚了解，大口吞咽，以为可以多吃点油水入肚，简直就像饿鬼投胎转世来的。

戒外加油

戒同锅熟

原

同锅熟之弊，已载前『变换须知』一条中。

译

把不同食物放在一个锅里共同烧制的弊端，已经在前一章『变换须知』一条中做了说明。

戒同锅熟

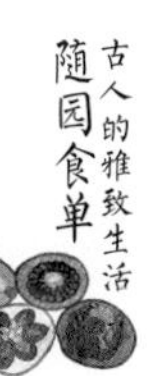

戒耳餐

原

何为耳餐？耳餐者，务名之谓也。食贵物之名，夸敬客之意，是以耳餐，非口餐也。不知豆腐得味，远胜燕窝。海菜不佳，不如蔬笋。余尝谓鸡、猪、鱼、鸭，豪杰之士也，各有本味，自成一家。海参、燕窝，庸陋之人也，全无性情，寄人篱下。尝见某太守宴客，大碗如缸，白煮燕窝四两，丝毫无味，人争夸之。余笑曰：『我辈来吃燕窝，非来贩燕窝也。』可贩不可吃，虽多奚为？若徒夸体面，不如碗中竟放明珠百粒，则价值万金矣。其如吃不得何？

译

什么是耳餐？耳餐就是只看重食物的名声，贪恋食物的贵重，为主人增添『敬客』的虚名而已，这是给耳朵准备的菜肴，而不是为嘴巴准备的。要知道，如果把豆腐烧制得入味，它的美味远胜过昂贵的燕窝。海菜虽然贵重，如果做得不好，还不如普通的蔬菜和竹笋。我曾经把鸡、猪、鱼、鸭称为菜中豪杰，因为它们各有独特的味道，可以各自成为一道佳肴；而海参和燕窝则如同食物界的庸俗鄙陋之辈，没有自己的味道，需要靠与其他食物搭配成菜。曾经有一位太守宴请宾客，用的碗像缸一样大，碗中盛着四两

戒耳餐

水煮燕窝，丝毫无味，客人却争相夸赞。我笑着说：『我们是来吃燕窝的，不是来卖燕窝的。』那么多燕窝就如同贩卖它一样，但如果做得不好吃，就算再多又有什么用？如果仅仅是为了追求体面的感觉，不如在碗中放上百粒明珠，价值万金，不能吃又怎样？

戒目食

原

何谓目食？目食者，贪多之谓也。今人慕『食前方丈』之名，多盘叠碗，是以目食，非口食也。不知名手写字，多则必有败笔；名人作诗，烦则必有累句。极名厨之心力，一日之中，所作好菜不过四五味耳，尚难拿准，况拉杂横陈乎？就使帮助多人，亦各有意见，全无纪律，愈多愈坏。余尝过一商家，上菜三撤席，点心十六道，共算食品将至四十余种。主人自觉欣欣得意，而我散席还家，仍煮粥充饥。可想见其席之丰而不洁矣。南朝孔

译

什么叫目食？目食就是贪图菜品的数量。现在的人都羡慕菜品众多、菜式奢华的虚名，满桌菜肴，盘子和碗都挤不开了，但这只是给眼睛吃的饭席，并不是给嘴巴吃的。要知道即使是有名的书法家，字写多了也会出现败笔；即使是名诗人作诗，写的诗句多了也会出现多余失败的句子。同理，一位名厨就算用尽心力，一天之内能做出的好菜也不过四五道，这已经是很难得的了，何况还要应付摆放得乱七八糟的桌席。即便有很多助手，但助手之间对菜肴的理解也各不相同，这就使一桌菜变得毫无章

戒目食

琳之曰：『今人好用多品，适口之外，皆为悦目之资。』余以为肴馔横陈，熏蒸腥秽，目亦无可悦也。

法，助手越多效果越差。我曾经到一位商人家中赴宴，席间上菜换了三次席，十六道点心，算起来总共有四十多道菜。主人为菜品种类之多而洋洋得意，而我在散席回家之后，仍要靠自己煮粥来充饥，可见饭席虽丰盛，品位却很低。南朝孔琳之曾说过：『现如今人们都酷爱饭席上菜品的众多数量，但除了有几样可口的菜肴外，其他的多是拿来取悦的装饰品。』我觉得，一大堆菜混杂地摆在饭桌上，气味也变得污秽不堪，看了也没有美感。

戒穿凿

原

物有本性，不可穿凿为之。自成小巧，即如燕窝佳矣，何必捶以为团？海参可矣，何必熬之为酱？西瓜被切，略迟不鲜，竟有制以为糕者。苹果太熟，上口不脆，竟有蒸之以为脯者。他如《尊生八笺》之秋藤饼，李笠翁之玉兰糕，都是矫揉造作，以杞柳为杯棬，全失大方。譬如庸德庸行，做到家便是圣人，何必索隐行怪乎？

译

食物都有自己的特性，是什么样的食物就应该做成什么样的菜，不可以把它们做成不符合各自特性的菜式。顺其自然，效果最佳。燕窝本来就是好东西，何必要捶成团之后再吃？海参也是好东西，何必要把它做成酱？西瓜切开之后，吃得稍微晚一点都会变得不新鲜，而竟然有人把西瓜制成糕点。熟透了的苹果，吃到嘴里感觉不到脆，竟然还有人把它制成果脯。其他的如《尊生八笺》里记载的秋藤饼，李渔所说的玉兰糕，烹制这些食物是做作又没有意义的，就像要把杞柳制成杯子一样，失去了原有的自然大方的本性。一个人要做圣人，把日常生活中的道德准则遵守好，他就是圣人了，何必要去追求一些隐秘又稀奇古怪的行为呢？

戒穿凿

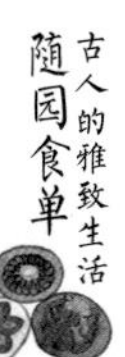

戒停顿

物味取鲜，全在起锅时极锋而试；略为停顿，便如霉过衣裳，虽锦绣绮罗，亦晦闷而旧气可憎矣。尝见性急主人，每摆菜必一齐搬出，于是厨人将一席之菜，都放蒸笼中，候主人催取，通行齐上。此中尚得有佳味哉？在善烹饪者，一盘一碗，费尽心思；在吃者，卤莽暴戾，囫囵吞下，真所谓得哀家梨，仍复蒸食者矣。余到粤东，食杨兰坡明府鳝羹而美，访其故，曰：『不过现杀现烹，现熟现吃，不停顿而已。』他物皆可类推。

菜肴的鲜美，全在刚烧制完成的那一刻，吃得稍微晚一点，菜就像发了霉的衣服，即使是优质的锦罗绸缎做的也会因为霉气太重而令人厌烦。我在做客时曾见过性子急的主人，每次请客总是要把所有的菜同时摆上桌。于是厨师只好把一桌子的菜都先放到蒸笼之中，等候主人要求时再把它们一起端上桌。这样能有什么美味呢？善于烹饪的厨师一盘一碗都费尽心思；而吃的人却粗暴地囫囵吞下，不知道细细品味，就好像是吃哀家梨一样，本来很好吃的梨，非要蒸了再吃。我到粤东杨兰坡县令家去做客，吃到了他家美味的鳝鱼羹，我问他为什么做的鳝鱼羹这么好吃，他回答：『不过是现杀现做，现煮现吃，没有停顿过罢了。』对于其他食物，『现杀现做，现煮现吃』的道理也是同样适用的。

戒停顿

戒暴殄

原

暴者不恤人功，殄者不惜物力。鸡、鱼、鹅、鸭，自首至尾，俱有味存，不必少取多弃也。尝见烹甲鱼者，专取其裙而不知味在肉中；蒸鲥鱼者，专取其肚而不知鲜在背上。至贱莫如腌蛋，其佳处虽在黄不在白，然全去其白而专取其黄，则食者亦觉索然矣。且予为此言，并非俗人惜福之谓，假使暴殄而有益于饮食，犹之可也。暴殄而反累于饮食，又何苦为之？至于烈炭以炙活鹅之掌，刳刀以取生鸡之肝，皆君子所不为也。何也？物为人用，使之死可也，使之求死不得不可也。

译

残暴的人不懂得体恤人力，爱糟蹋东西的人不知道珍惜食物。鸡、鱼、鹅、鸭，从头到尾都有各自的滋味，不应该只吃一小部分，而把其他部分扔掉。我曾见过烹甲鱼时只吃甲鱼裙边的人，却不知道甲鱼的美味在肉中；也有人在烹制鲥鱼时，只吃肚子上的肉，而不知鲥鱼的鲜美在鱼背上。最常见的就是腌蛋，虽然腌蛋最好吃的部分是蛋黄而不是蛋白，但如果只吃蛋黄不吃蛋白也会觉得索然无味。我说这些，并不是所谓的惜福积德，如果糟蹋食物有助于饮食的话，暴殄也是可以的。但糟蹋食物不仅对饮食没有好处，反而对食物的美味有所损害，何必要这样做呢？而那些用炭火炙烤活鹅掌，用尖刀取活鸡肝的行为，都是为人所唾弃的。因为动物是给人食用的，宰杀它们可以，但让它们活活受折磨，这就不行了。

戒暴殄

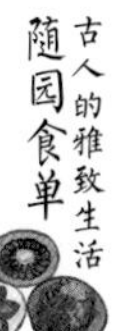

戒纵酒

原

事之是非，惟醒人能知之；味之美恶，亦惟醒人能知之。伊尹曰：『味之精微，口不能言也。』口且不能言，岂有呼呶酗酒之人，能知味者乎？往往见拇战之徒，啖佳菜如啖木屑，心不存焉。所谓惟酒是务，焉知其余，而治味之道扫地矣。万不得已，先于正席尝菜之味，后于撤席逞酒之能，庶乎其两可也。

译

只有头脑清醒的人，才能分辨是非；也只有头脑清醒的人，才能品尝出食物味道的好坏。伊尹说：『食物美味的微妙之处，是用语言表达不出来的。』清醒的人尚且难以用语言表达清楚，那纵酒喊闹的人，岂不是更不知道食物的滋味了？经常见那些喜好喝酒猜拳的酒徒，美味佳肴在他们嘴里就像木屑一样，他们的心根本就没放在吃上。心里只有喝酒，其他的东西一概不顾，美味佳肴也就引不起他们的兴趣了。如果万不得已要喝酒，那应该先在正席上仔细品尝菜肴的味道，吃完撤席后再喝酒逞能，这样大概可以两相兼顾吧。

戒纵酒

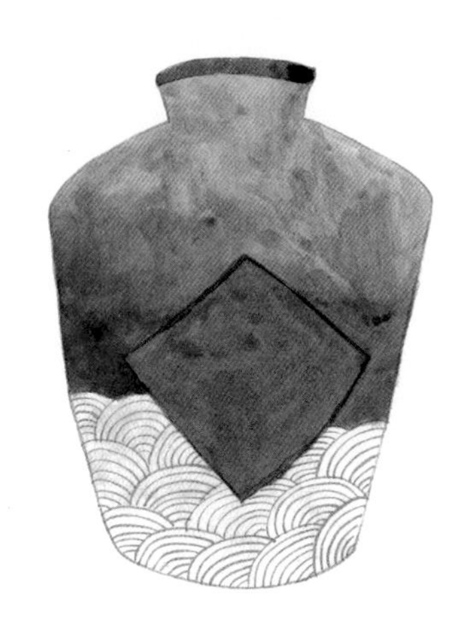

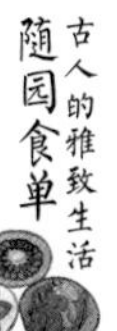

戒走油

原

凡鱼、肉、鸡、鸭，虽极肥之物，总要使其油在肉中，不落汤中，其味方存而不散。若肉中之油，半落汤中，则汤中之味，反在肉外矣。推原其病有三：一误于火太猛，滚急水干，重番加水；一误于火势忽停，既断复续；一病在于太要相度，屡起锅盖，则油必走。

译

鱼、肉、鸡、鸭，都是非常肥美的食物。烧制成菜时，要让它们富含的油脂都留在肉里，不溢出到汤中，肉的美味才不致消失。如果肉中的油脂有一半溶解在汤中，那汤的美味反而会散发到肉外面。之所以造成这种情况，原因有三：一是由于火力太猛，锅中水分蒸发，然后往锅中不断加水；二是火停之后，又重新点上；三是急于察看烧制的进度，频繁地掀开锅盖，导致走油。

戒走油

戒混浊

原

混浊者，并非浓厚之谓。同一汤也，望去非黑非白，如缸中搅浑之水。同一卤也，食之不清不腻，如染缸倒出之浆。此种色味令人难耐。救之之法，总在洗净本身，善加作料，伺察水火，体验酸咸，不使食者舌上有隔皮隔膜之嫌。庾子山论文云：『索索无真气，昏昏有俗心。』是即混浊之谓也。

译

混浊，并不是浓厚的意思。同样是汤，有的汤看上去不黑不白，就像缸中搅浑了的水一样。同样是卤汁，有的卤汁吃起来不清不腻，如同染缸里倒出来的浆水。这样的颜色和气味实在是让人难以忍受。补救的方法，就是要把食物洗干净，善于搭配作料，细心观察水色和火候，品尝酸咸，不要让吃的人产生舌头上如同隔皮隔膜的厌恶感。庾信的诗中写道：『索索无真气，昏昏有俗心。』说的就是这种混浊的状态。

戒混浊

古八珍并无海鲜之说，今世俗尚之，不得不吾从众。作《海鲜单》。

古人讲究八珍，却并没有海鲜的说法。而当今社会讲究吃海鲜，我也不得不追随大众的喜好，作《海鲜单》一章。

海鲜单

燕窝

原

燕窝贵物，原不轻用。如用之，每碗必须二两，先用天泉滚水泡之，将银针挑去黑丝。用嫩鸡汤、好火腿汤、新蘑菇三样汤滚之，看燕窝变成玉色为度。此物至清，不可以油腻杂之；此物至文，不可以武物串之。今人用肉丝、鸡丝杂之，是吃鸡丝、肉丝，非吃燕窝也。且徒务其名，往往以三钱生燕窝盖碗面，如白发数茎，使客一撩不见，空剩粗物满碗。真乞儿卖富，反露贫相。不得已则蘑菇丝，笋尖丝、鲫鱼肚、野鸡嫩片尚可用也。余到粤东，杨明府冬瓜燕窝甚佳，以柔配柔，以清入清，重用鸡汁、蘑菇汁而已。燕窝皆作玉色，不纯白也。或打作团，或敲成面，俱属穿凿。

译

燕窝是贵重的食物，一般不轻易食用。需要食用的话，一碗必须要有二两。在食用燕窝之前，先用烧沸的天然泉水浸泡，用银针把燕窝中的黑丝挑去。之后，再用嫩鸡汤、质量好的火腿汤和新蘑菇汤来和燕窝一起烧炖，观察燕窝变成玉色就可以了。燕窝是极其清爽的食物，不能跟油腻的食物混在一起；它还是质地非常柔软的食物，不能和带骨头的硬物混杂在一起。当今有人用肉丝、鸡丝来跟燕窝搭配成菜，这分明是为了吃鸡丝和肉丝，并不是要吃燕窝。而且有的人仅仅是贪图燕窝的美名，煮面时，每碗面上都盖上三钱燕窝，如同几根白发一样，客人筷子一挑就不见了，只剩下满碗的粗俗食物。真是乞丐卖弄自己的富有，反而露出了穷酸相。

燕窝

实在不得已时，用蘑菇丝、笋尖丝、鲫鱼肚、野鸡嫩片来搭配燕窝，也可以凑合。我到粤东杨明府家做客时，发现他家做的冬瓜燕窝极好，用质地柔软的食物和清爽的食物来搭配燕窝，只是多用了些鸡汁、蘑菇汁而已。燕窝都是玉色，没有纯白色的。有的人把燕窝捶成团，有的人则把燕窝敲成面吃，皆是穿凿附会。

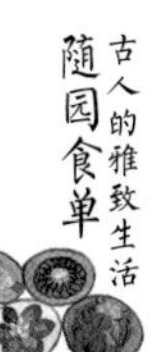

海参三法

原

海参，无味之物，沙多气腥，最难讨好。然天性浓重，断不可以清汤煨也。须检小刺参，先泡去沙泥，用肉汤滚泡三次，然后以鸡、肉两汁红煨极烂。辅佐则用香蕈、木耳，以其色黑相似也。大抵明日请客，则先一日要煨，海参才烂。尝见钱观察家，夏日用芥末、鸡汁拌冷海参丝，甚佳。或切小碎丁，用笋丁、香蕈丁入鸡汤煨作羹。蒋侍郎家用豆腐皮、鸡腿、蘑菇煨海参，亦佳。

译

海参本身没有味道，泥沙多又腥味重，很难做成好吃的菜肴。海参有浓重的腥气与涩味，千万不能以清汤煨煮，单独成菜。要挑选小刺参，用水浸泡，去掉泥沙，之后用肉汤滚泡三次，再用兑在一起的鸡汁和肉汁红煨到烂熟。烧制海参辅料可用香菇、木耳，因为它们跟海参一样，都是黑色的。明日请客吃海参，要提前一天煨煮海参才能煮烂。我曾见过钱观察家在夏天用芥末、鸡汁拌冷海参丝，味道很好。或者把海参切成小碎丁，将笋丁、香菇丁放入鸡汤中，一起煨煮做成羹。蒋侍郎家用豆腐皮、鸡腿、蘑菇煨煮海参，味道也不错。

海参三法

鱼翅二法

原

鱼翅难烂，须煮两日，才能摧刚为柔。用有二法：一用好火腿、好鸡汤，加鲜笋、冰糖钱许煨烂，此一法也；一纯用鸡汤串细萝卜丝，拆碎鳞翅搀和其中，漂浮碗面，令食者不能辨其为萝卜丝、为鱼翅，此又一法也。用火腿者，汤宜少；用萝卜丝者，汤宜多。总以融洽柔腻为佳。若海参触鼻，鱼翅跳盘，便成笑话。吴道士家做鱼翅，不用下鳞，单用上半原根，亦有风味。萝卜丝须出水二次，其臭才去。尝在郭耕礼家吃鱼翅炒菜，妙绝！惜未传其方法。

译

鱼翅很难煮烂，要让刚硬的鱼翅变得柔软，需要煮上两天。鱼翅有两种做法：用上好的火腿与鸡汤，加入一钱左右的鲜笋、冰糖煨煮，直到把鱼翅煮烂，这是第一种做法；第二种做法是把细萝卜丝放入纯鸡汤中，把鱼翅拆碎，掺杂其中，细碎的鱼翅和萝卜丝漂浮在上面，吃的人很难分辨哪些是萝卜丝，哪些是鱼翅。用火腿的汤应该少一点；而用萝卜丝的汤应该多一点。总之，鱼翅以柔腻融和为佳。如果煮得不够透烂，吃海参时，海参僵硬碰到鼻子，夹鱼翅时，鱼翅轻易滑落到盘子外，那就成笑话了。吴道士家做鱼翅时，单用上半部分，也很有风味。做鱼翅时，萝卜丝需要出水两次，异味才能去掉。我曾在郭耕礼家吃鱼翅炒菜，极其美味！可惜我没有学到做法。

鱼翅二法

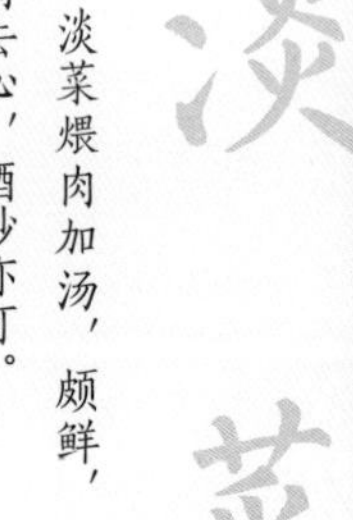

淡菜

淡菜煨肉加汤，颇鲜，取肉去心，酒炒亦可。

用淡菜煨肉煮汤，味道鲜美。去掉内脏加酒烹炒也可以。

海蝘

海蝘，宁波小鱼也，味同虾米，以之蒸蛋甚佳。作小菜亦可。

海蝘，宁波地区出产的小鱼，味道和虾米一样，用它来蒸鸡蛋最好，做成小菜也可以。

乌鱼蛋

原

乌鱼蛋最鲜，最难服事。须河水滚透，撤沙去腥，再加鸡汤、蘑菇煨烂。龚云若司马家，制之最精。

译

乌鱼蛋味道最鲜美，也最难烹制。必须用河水将乌鱼蛋洗干净，去掉沙子和腥味，再加入鸡汤和蘑菇煮烂。司马龚云若家做的乌鱼蛋最为精美。

蛎黄

原

蛎黄生石子上。壳与石子胶粘不分。剥肉作羹，与蚶、蛤相似。一名鬼眼。乐清、奉化两县土产，别地所无。

译

牡蛎生在石子上，壳与石子粘在一起分不开。牡蛎的做法是把肉剥下来制作羹汤，做法与蚶、蛤类似。牡蛎也称鬼眼。只生在乐清、奉化两地，别的地方都没有。

郭璞《江赋》鱼族甚繁。今择其常有者治之。作《江鲜单》。

郭璞的《江赋》介绍了各种各样的鱼类，现选择其中比较常见的一些，介绍一下它们的做法，写作《江鲜单》一章。

江鲜单

刀鱼二法

原

刀鱼用蜜酒酿、清酱，放盘中，如鲥鱼法，蒸之最佳，不必加水。如嫌刺多，则将极快刀刮取鱼片，用钳抽去其刺。用火腿汤、鸡汤、笋汤煨之，鲜妙绝伦。金陵人畏其多刺，竟油炙极枯，然后煎之。谚曰：『驼背夹直，其人不活。』此之谓也。或用快刀，将鱼背斜切之，使碎骨尽断，再下锅煎黄，加作料，临食时竟不知有骨：芜湖陶大太法也。

译

刀鱼用蜜酒酿，在清酱中稍沾腌后，放入盘中。跟鲥鱼的做法一样，刀鱼最适合蒸食，不必加水。如果嫌刀鱼刺多，就用锋利的刀削取鱼片，再用钳子把鱼刺拔出来。然后混合火腿汤、鸡汤、笋汤，将刀鱼放入其中煨煮，美味绝伦。金陵人害怕刀鱼刺多，竟然用油炸到干枯后，再用油煎，令人匪夷所思。俗话说：『把驼背人的背脊夹直，此人活不成。』这句话可以用来形容金陵人的做法。要避免刺带来的困扰可以用快刀斜切刀鱼的鱼背，把鱼骨都切碎，将刀鱼肉下锅煎黄，加上作料，吃的时候竟然尝不出肉中有刺，这是芜湖陶大太家的做法。

刀鱼二法

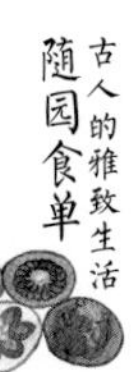

鲥鱼

鲥鱼用蜜酒蒸食，如治刀鱼之法便佳。或竟用油煎，加清酱、酒酿亦佳。万不可切成碎块，加鸡汤煮；或去其背，专取肚皮，则真味全失矣。

鲥鱼用蜜酒蒸食，如做刀鱼的方法即可。或者用油煎鲥鱼，加入清酱和酒酿，做出来也好吃。但万不可把鲥鱼切成碎块，在鸡汤中煮食。也不可去掉鲥鱼的脊背，专吃肚皮肉，那样鲥鱼的真味就全然消失了。

鲥鱼

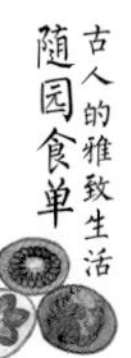

鲟鱼

原

尹文端公，自夸治鲟鳇最佳。然煨之太熟，颇嫌重浊。惟在苏州唐氏，吃炒鳇鱼片甚佳。其法切片油炮，加酒、秋油滚三十次，下水再滚起锅，加作料，重用瓜、姜、葱花。又一法，将鱼白水煮十滚，去大骨，肉切小方块；取明骨切小方块；鸡汤去沫，先煨明骨八分熟，下酒、秋油，再下鱼肉，煨二分烂起锅，加葱、椒、韭，重用姜汁一大杯。

译

尹文端公夸耀自己做的鲟鱼是最棒的。但是他家做的鲟鱼煨煮得过熟，味道有点浓重混浊。只有在苏州唐家吃到的炒鳇鱼片是最美味的。唐家做鳇鱼的方法是：把鳇鱼切成片后用热油爆炒，加酒和秋油，烧滚三十次，然后放到开水中再滚，之后起锅，加入作料，多放一些黄瓜、姜、葱花。另一种烹制方法是：将鱼放入白水中煮上十滚，去掉鱼骨，把肉切成小方块，再把脆骨取出，同样切成小方块。同时，准备好鸡汤，将鸡汤中的浮沫去掉。先把明骨放入鸡汤中煨煮到八分熟，倒入酒和秋油，再把鱼肉倒入汤中，煨煮到二分烂时就起锅，之后加入葱、椒、韭菜，并倒入一大杯姜汁。

鲟鱼

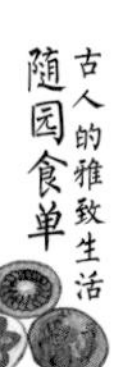

班鱼

原

班鱼最嫩，剥皮去秽，分肝、肉二种，以鸡汤煨之，下酒三分、水二分、秋油一分；起锅时，加姜汁一大碗、葱数茎，杀去腥气。

译

班鱼肉是最嫩的。将班鱼的皮剥掉，去掉腹内的各种杂物，把它分成肝和肉两部分。用鸡汤煨煮，倒入三分酒、两分水和一分秋油。起锅时，再加一大碗姜汁和几根葱，可以去除班鱼的腥气。

班鱼

假蟹

原

煮黄鱼二条，取肉去骨，加生盐蛋四个，调碎，不拌入鱼肉；起油锅炮，下鸡汤滚，将盐蛋搅匀，加香蕈、葱、姜汁、酒，吃时酌用醋。

译

煮熟两条黄鱼，把鱼骨去掉，留下鱼肉。再将四个咸蛋打散，不拌入鱼肉中。把鱼肉放到油锅中爆炒，然后放到鸡汤中烧滚，将咸蛋搅匀后加香菇、葱、姜汁、酒，倒入锅中。吃的时候可以酌量加醋。

假蟹

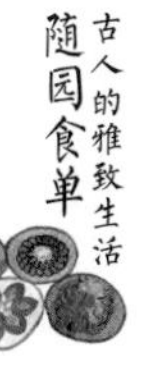

猪用最多，可称『广大教主』。宜古人有特豚馈食之礼。作《特牲单》。

猪肉的用途最多，可以称得上各种食料的『首领』了。古人有以猪或猪肉制品送礼的习惯。写作《特牲单》一章。

特牲单

猪头二法

原

洗净五斤重者，用甜酒三斤；七八斤者，用甜酒五斤。先将猪头下锅同酒煮，下葱三十根、八角三钱，煮二百余滚；下秋油一大杯、糖一两，候熟后尝咸淡，再将秋油加减；添开水要漫过猪头一寸，上压重物，大火浇一炷香；退出大火，用文火细煨，收干以腻为度；烂后即开锅盖，迟则走油。一法打木桶一个，中用铜帘隔开，将猪头洗净，加作料闷入桶中，用文火隔汤蒸之，猪头熟烂，而其腻垢悉从桶外流出，亦妙。

译

洗净五斤重的猪头，需要用三斤甜酒；洗净七八斤重的猪头，需要五斤甜酒。先将猪头下锅同酒一起烧煮，放入三十根大葱、三钱八角茴香，煮上二百多滚。之后加上一大杯秋油、一两糖，待猪头熟了尝尝咸淡之后再根据自己的口味看看要不要再加点秋油。烧煮猪头，倒入锅中的开水要漫过猪头一寸，锅顶压上重物，用猛火烧上一炷香的时间。之后将火调小，文火慢烧，将水收干，直到把肉煮烂。肉烂之后要马上打开锅盖，晚了肉内美味的油脂就会流失。做猪头还有另一种方法：先做一个木桶，中间用铜帘隔开，将猪头洗干净后，加

猪头二法

入作料，放入木桶中焖制。然后把装有猪头的木桶放在锅中，用微火隔着汤蒸煮，猪头煮烂后其本身油腻的污垢会全部从桶中流出，这样做出来的猪头味道也很不错。

猪蹄四法

原

蹄膀一只，不用爪，白水煮烂，去汤，好酒一斤，清酱酒杯半，陈皮一钱，红枣四五个，煨烂。起锅时，用葱、椒、酒泼入，去陈皮、红枣，此一法也。又一法：先用虾米煎汤代水，加酒、秋油煨之。又一法：用蹄膀一只，先煮熟，用素油灼皱其皮，再加作料红煨。有土人好先掇食其皮，号称『揭单被』。又一法：用蹄膀一个，两钵合之，加酒、加秋油，隔水蒸之，以二枝香为度，号『神仙肉』。钱观察家制最精。

译

选取一只蹄膀，去掉爪子，用白水煮烂，去掉汤。然后选用一斤好酒、半杯清酱酒、一钱陈皮、四五个红枣一起煨煮。熟烂起锅后，泼入葱、辣椒、酒，把陈皮、红枣拣出来。这是第一种方法。第二种方法：先用虾米煎汤代水，之后加入酒和秋油煨煮。第三种方法：选取一只蹄膀，先煮熟，用素油烧灼，等猪皮皱了，再加上作料红煨。有当地人喜欢先把猪皮揭下来吃掉，称为『揭单被』。第四种做法：选取一只蹄膀，装进扣在一起的两个钵中，加酒和秋油，隔水蒸煮两炷香的时间，号称『神仙肉』。钱观察家烹制得最为精美。

猪蹄四法

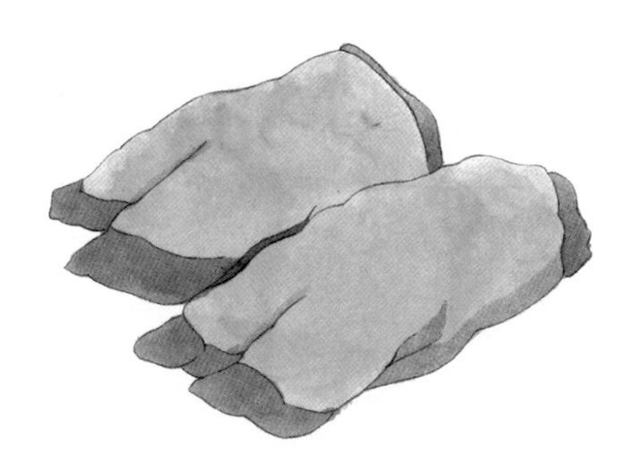

红煨肉三法

原

或用甜酱，或用秋油，或竟不用秋油、甜酱。每肉一斤，用盐三钱，纯酒煨之；亦有用水者，但须熬干水气。三种治法皆红如琥珀，不可加糖炒色。早起锅则黄，当可则红，过迟则红色变紫，而精肉转硬。常起锅盖，则油走而味都在油中矣。大抵割肉虽方，以烂到不见锋棱，上口而精肉俱化为妙。全以火候为主。谚云：『紧火粥，慢火肉。』至哉言乎！

译

烧制红烧肉，有的人用甜酱，有的人用秋油，有的人则既不用秋油也不用甜酱。做红煨肉时，每煮一斤肉，要用三钱盐，放入纯酒中煨煮。也有用水煨煮的，但必须要把水气熬干。三种烧制方法都会使肉红如琥珀，不可加糖把肉炒成红色。煮肉时起锅早了，肉会发黄；起锅时间得当，肉呈红色；而起锅时间过迟，肉色会变紫，瘦肉也会变硬变老。如果频繁打开锅盖，肉会走油，香味散失。一般来说，割下来的肉都是方形的，煮肉要把肉煮到棱角软化，肉入口即化最好。这就全看司厨对火候的掌握了。俗话说：『用紧火煮粥，用慢火煮肉。』说得太对了！

红煨肉三法

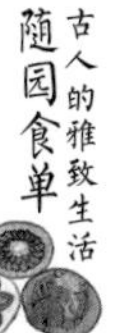

晒干肉

原

切薄片精肉，晒烈日中，以干为度。用陈大头菜，夹片干炒。

译

将瘦肉切成薄片，放在烈日下曝晒，直到晒干。再把存放了很久的大头菜夹片干炒即可。

炒肉片

原

将肉精、肥各半，切成薄片，清酱拌之。入锅油炒，闻响即加酱、水、葱、瓜、冬笋、韭芽，起锅火要猛烈。

译

将半瘦半肥的猪肉切成薄片，用清酱搅拌。将拌好的肉放入油锅中炒，听到油锅中有响声后立即放入酱、水、葱、瓜、冬笋和韭芽，起锅时火要猛。

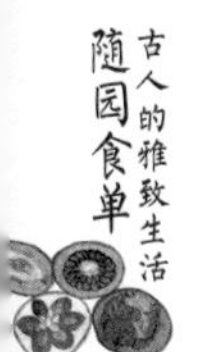

排骨

原

取勒条排骨精肥各半者，抽去当中直骨，以葱代之，炙用醋、酱，频频刷上，不可太枯。

译

选取肥瘦各半的肋条排骨，去掉排骨中的直骨，以葱代替。烧烤时用醋和酱油涂抹在排骨上，边烤边涂，不能让排骨变得太干。

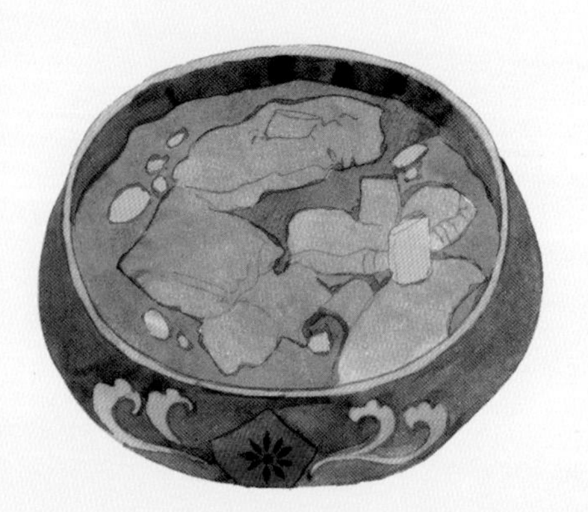

蜜火腿

原

取好火腿，连皮切大方块，用蜜酒煨极烂，最佳。但火腿好丑、高低，判若天渊。虽出金华、兰溪、义乌三处，而有名无实者多。其不佳者，反不如腌肉矣。惟杭州忠清里王三房家，四钱一斤者佳。余在尹文端公苏州公馆吃过一次，其香隔户便至，甘鲜异常。此后不能再遇此尤物矣。

译

制作蜜火腿时，要选用好的火腿，连皮切成大方块，用蜜酒煨到熟烂是最好的。但火腿质量有好坏高低之分，如同天壤之别。虽然都号称是出自金华、兰溪、义乌三地的火腿，但有名无实者太多了。质量不好的火腿，味道反而还不如腌肉。只有杭州忠清里王三房家卖四钱一斤的火腿最好。我曾在尹文端公的苏州公馆中吃过一次，火腿的香味隔着墙都能闻到，异常美味，以后再也碰不到这么好吃的了。

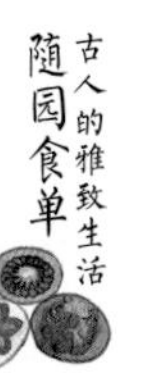

牛、羊、鹿三牲，非南人家常时有之之物。然制法不可不知。作《杂牲单》。

牛、羊、鹿，并不是南方人家中常有的食物，但是做法不可不知。所以作《杂牲单》一章。

杂牲单

羊头

原

羊头毛要去净；如去不净，用火烧之。洗净切开，煮烂去骨。其口内老皮，俱要去净。将眼睛切成二块，去黑皮，眼珠不用，切成碎丁。取老肥母鸡汤煮之，加香蕈、笋丁，甜酒四两，秋油一杯。如吃辣，用小胡椒十二颗、葱花十二段；如吃酸，用好米醋一杯。

译

烹制羊头时，羊头上的毛要去干净，如果去不掉，就用火烧净。将羊头洗干净后切开煮烂，并去掉骨头。羊口中的老皮也要清除干净。同时，将羊眼切成两块，去掉黑皮，眼珠丢掉。然后把羊头切成细碎的肉块，放到老肥母鸡汤中烧煮，再把香菇、笋丁、四两甜酒、一杯秋油放入汤中。如果喜欢吃辣的话，就放进去十二颗小胡椒、十二段葱花；喜欢吃酸的话，就倒进去一杯好的米醋。

羊头

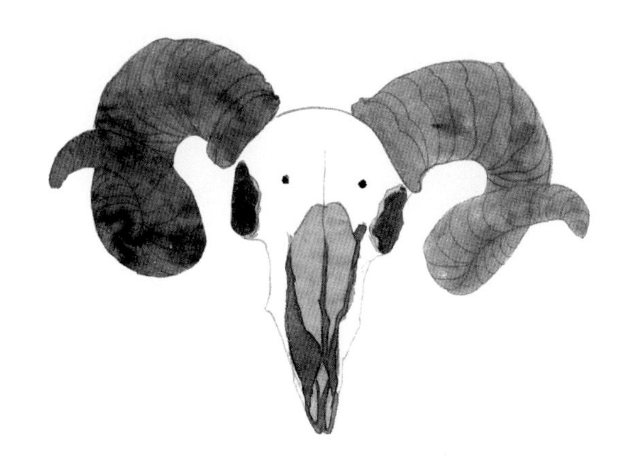

全羊

原

全羊法有七十二种，可吃者不过十八九种而已。此屠龙之技，家厨难学。一盘一碗，虽全是羊肉，而味各不同才好。

译

对于整只羊来说，烹饪的方法有七十二种，而比较容易做得好吃的不过十八九种而已。烧制全羊是一种非常高超的技艺，一般的厨师很难学会。虽然每个盘子、碗中都是羊肉，但味道各有不同才是好的。

全羊

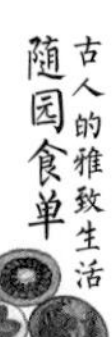

牛肉

买牛肉法，先下各铺定钱，凑取腿筋夹肉处，不精不肥。然后带回家中，剔去皮膜，用三分酒、二分水清煨，极烂；再加秋油收汤。此太牢独味孤行者也，不可加别物配搭。

买牛肉的方法是先去肉铺付下定金，等店家凑足了腿筋夹肉处的肉之后再去店铺把肉取回，此处的肉不瘦不肥。将肉带回家后，剥去肉上的皮膜，用三分酒、二分水清煨到熟烂，然后加上秋油把汤汁收干。牛肉有自己独特的味道，适合单独烧制，不可以与别的食料搭配。

牛肉

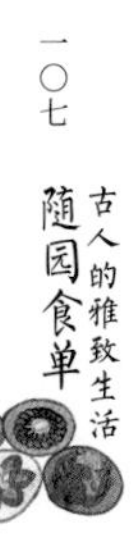

假牛乳

原

用鸡蛋清拌蜜酒酿，打掇入化，上锅蒸之。以嫩腻为主。火候迟便老，蛋清太多亦老。

译

将鸡蛋清和蜜、酒搅拌，使它们融为一体之后上锅蒸煮。假牛乳要蒸煮到又嫩又腻才行，火候太过，容易变老，蛋清太多，也容易变老。

假牛乳

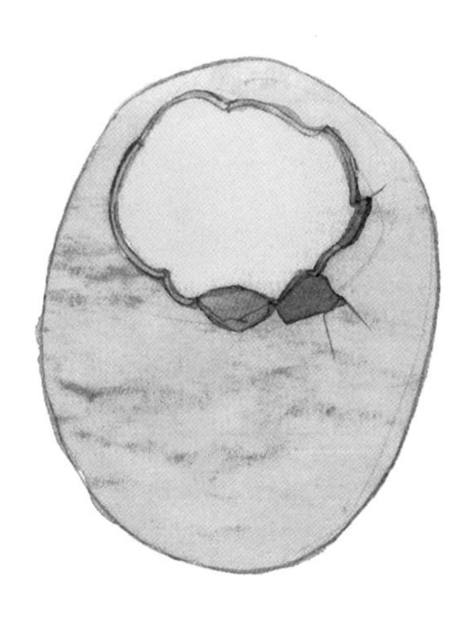

鸡功最巨，诸菜赖之。如善人积阴德而人不知。故令领羽族之首，而以他禽附之。作《羽族单》。

在烹饪界，鸡的功劳最大，做很多菜都要依赖它。就像善人暗中做好事，而人们都不知道一样。所以我把鸡列在羽族第一位，其他羽族的禽类都附在鸡后面介绍。写作《羽族单》一章。

羽族单

白片鸡

原

肥鸡白片，自是太羹、玄酒之味。尤宜于下乡村、入旅店，烹饪不及之时，最为省便。煮时水不可多。

译

肥鸡的白片肉是鸡肉中最具本味的食物，就像古代的太羹、玄酒一样。在去农村人家，或住旅店来不及细心烹饪的时候，白片鸡是最为方便的。烹煮白片鸡时，水不能放太多。

白片鸡

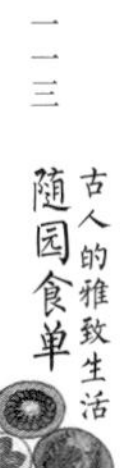

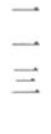

鸡蛋

原

鸡蛋去壳放碗中，将竹箸打一千回蒸之，绝嫩。凡蛋一煮而老，一千煮而反嫩。加茶叶煮者，以两炷香为度。蛋一百，用盐一两；五十，用盐五钱。加酱煨亦可。其他则或煎或炒俱可。斩碎黄雀蒸之，亦佳。

译

把鸡蛋打入碗中，用竹筷子将碗中的鸡蛋多次搅拌，然后蒸食，非常鲜嫩。煮鸡蛋时，煮得时间短了，鸡蛋会变老，煮得时间长了，鸡蛋反而会变嫩。用茶叶煮鸡蛋，要用两炷香的时间。一百个鸡蛋，要加一两盐，五十个鸡蛋，要加五钱盐。对鸡蛋来说，除了蒸食和煮食，加酱油煨煮也是可以的。其他的做法，如煎鸡蛋、炒鸡蛋皆可。把黄雀肉切碎后与鸡蛋一起蒸着吃，也很好吃。

鸡蛋

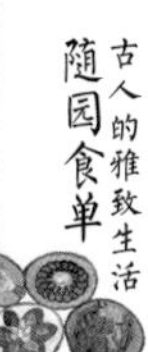

鸽子

原

鸽子加好火腿同煨，甚佳。不用火肉，亦可。

译

鸽子和质量好的火腿一同煨煮，味道非常好。不加火腿也是可以的。

蒸鸭

原

生肥鸭去骨，内用糯米一酒杯，火腿丁、大头菜丁、香蕈、笋丁、秋油、酒、小磨麻油、葱花，俱灌鸭肚内，外用鸡汤放盘中，隔水蒸透。此真定魏太守家法也。

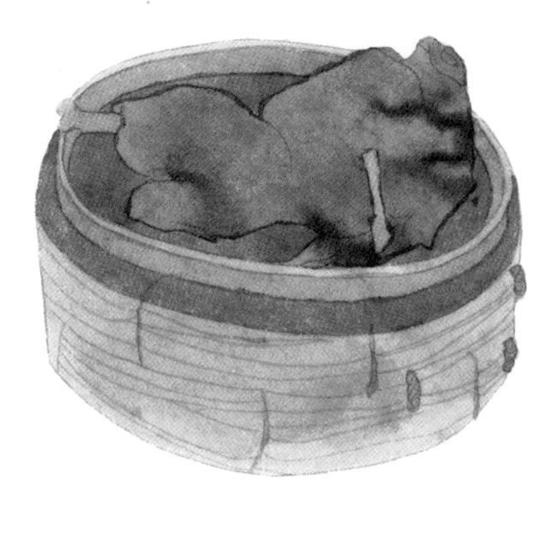

译

把活肥鸭宰杀后去掉骨头，将一酒杯糯米，火腿丁、大头菜丁、香菇、笋丁、秋油、酒、小磨麻油、葱花等食料一齐塞入鸭的肚子中。将塞满食料的鸭子放在装有鸡汤的盘中，隔水蒸熟。这是真定魏太守家的做法。

云林鹅

原

《倪云林集》中，载制鹅法。整鹅一只，洗净后，用盐三钱擦其腹内，塞葱一帚填实其中，外将蜜拌酒通身满涂之，锅中一大碗酒、一大碗水蒸之，用竹箸架之，不使鹅身近水。灶内用山茅二束，缓缓烧尽为度。俟锅盖冷后，揭开锅盖，将鹅翻身，仍将锅盖封好蒸之，再用茅柴一束，烧尽为度；柴俟其自尽，不可挑拨。锅盖用绵纸糊封，逼燥裂缝，以水润之。起锅时，不但鹅烂如泥，汤亦鲜美。以此法制鸭，味美亦同。每茅柴一束，重一斤八两。擦盐时，串入葱、椒末子，以酒和匀。《云林集》中，载食品甚多；只此一法，试之颇效，余俱附会。

译

《倪云林集》中记载了烹制鹅肉的方法。选取一只整鹅，洗干净后，用三钱盐在鹅的肚子中擦一遍，然后塞一把葱进鹅肚子，同时把蜜拌入酒中，将鹅通身涂一遍。在锅中倒入一大碗酒和一大碗水蒸煮，用竹筷子把鹅架到锅上，不让鹅碰到水。在灶内放入两束山茅，让它缓慢烧尽，等锅盖冷却后，揭开锅盖，将鹅翻一下身，再将锅盖封好继续蒸。之后，在灶内放入一束茅柴，等茅柴自己烧尽，不要去挑拨柴火。锅盖用绵纸糊好封实，如果绵纸干燥裂缝，就用水湿润一下。煮熟起锅后，不但鹅肉熟烂如泥，肉汤也很鲜美。用这种方法烹制鸭肉，味道也一样鲜美。前面所说的茅柴，一束大约要重一斤八两。擦盐时，要掺入葱和椒末，用酒调和均匀。《倪云林集》所记载的烹饪方法有很多，而只有烹制鹅肉的方法比较有效，其余的只是牵强附会而已。

云林鹅

鱼皆去鳞，惟鲥鱼不去。我道有鳞而鱼形始全。作《水族有鳞单》。

做鱼时都要把鱼鳞先去掉，只有鲥鱼不去鳞。我认为，鱼有鳞外形才完整。写作《水族有鳞单》一章。

水族有鳞单

边鱼

原

边鱼活者，加酒、秋油蒸之。玉色为度。一作呆白色，则肉老而味变矣。并须盖好，不可受锅盖上之水气。临起加香蕈、笋尖。或用酒煎亦佳；用酒不用水，号『假鲥鱼』。

译

选取鲜活的边鱼，放入酒和秋油中蒸煮，蒸到鱼肉呈白玉色为好。如果鱼蒸到变成了呆白色，就说明鱼肉蒸过了，味道也就变了。蒸边鱼时需要把锅盖盖好，不能使鱼沾染锅盖的水汽。临起锅时加人香菇和笋尖。另外，边鱼用酒煎食也很好，只用酒，不用水，这样做出来的边鱼被称为『假鲥鱼』。

边鱼

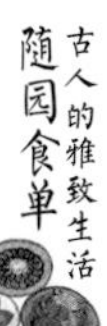

鲫鱼

原

鲫鱼先要善买。择其扁身而带白色者，其肉嫩而松；熟后一提，肉即卸骨而下。黑脊浑身者，崛强槎丫，鱼中之喇子也，断不可食。照边鱼蒸法，最佳。其次煎吃亦妙。拆肉下可以作羹。通州人能煨之，骨尾俱酥，号『酥鱼』，利小儿食。然总不如蒸食之得真味也。六合龙池出者，愈大愈嫩，亦奇。蒸时用酒不用水，稍稍用糖以起其鲜。以鱼之小大，酌量秋油、酒之多寡。

译

烧制鲫鱼，首先要会选购鲫鱼。买鲫鱼就买那种身较扁又带有白色的，这种鲫鱼肉质松且鲜嫩，烹熟后用手一提，鱼肉就会脱离骨头。那种黑色脊背、体色混浊的鲫鱼，鱼刺会如交叉错杂的树枝一样，这种鱼算是鲫鱼中的劣品，千万不要食用。烹制鲫鱼的方法有很多，按照烹制边鱼的方法来烹饪鲫鱼是最好的。其次，煎着吃也是不错的。将鱼肉取下也可以做羹。另外，通州人会做煨鲫鱼，骨头和尾巴都可以煨到酥烂，号称『酥鱼』，有利于小孩食用，但总不如蒸鲫鱼那样能品尝到鲫鱼的真味。六合龙池出产的鲫鱼个头越大越鲜嫩，令人称奇。在蒸鲫鱼时，稍微加一点糖可以使鱼肉更加鲜美。同时，要根据鱼的大小来酌量倒入秋油和酒。

鲫鱼

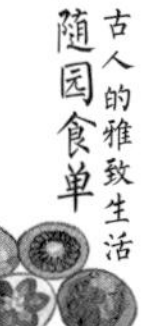

鱼片

原

取青鱼、季鱼片，秋油郁之，加纤粉、蛋清，起油锅炮炒，用小盘盛起，加葱、椒、瓜、姜，极多不过六两，太多则火气不透。

译

取青鱼片和季鱼片，放入秋油中浸泡腌制，加入芡粉和蛋清调好，之后放入油锅中爆炒。炒熟后用小盘盛起，加入葱、椒、瓜、姜等作料就可以吃了。要注意的是，炒鱼片最多不要超过六两，鱼片太多的话不容易炒透。

鱼片

台鲞

台鲞好丑不一。出台州松门者为佳，肉软而鲜肥。生时拆之，便可当作小菜，不必煮食也；用鲜肉同煨，须肉烂时放鲞；否则，鲞消化不见矣，冻之即为鲞冻，绍兴人法也。

台鲞的质量有好有坏，台州松门的台鲞质量最佳，肉质柔软而鲜肥。生时把台鲞拆开就可以当小菜吃，不必煮食。将台鲞和鲜肉一同煨煮，需要等鲜肉煮烂后再放入台鲞，放得过早的话，台鲞就会被煮化。另外，绍兴人将台鲞冷冻，制成冻鲞。

台鲞

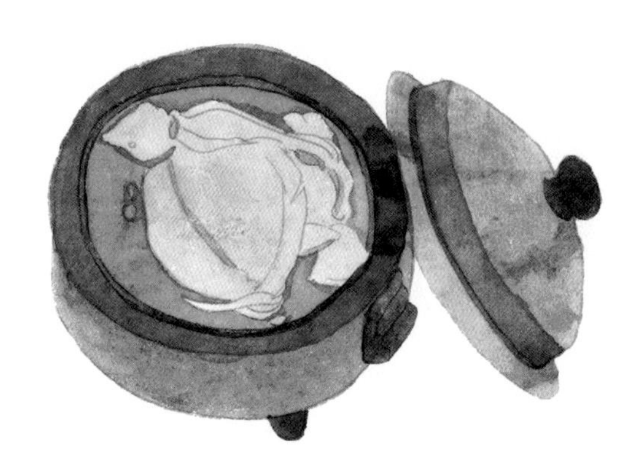

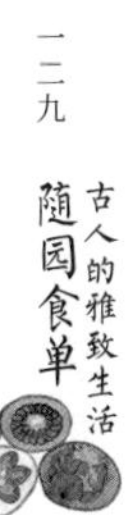

鱼无鳞者，其腥加倍，须加意烹饪；以姜、桂胜之。作《水族无鳞单》。

没有鱼鳞的鱼，腥味比有鳞的鱼重很多，烹饪时需要多加注意，可以用姜和桂皮盖住腥味。写作《水族无鳞单》一章。

水族无鳞单

汤鳗

原

鳗鱼最忌出骨。因此物性本腥重，不可过于摆布，失其天真，犹鲥鱼之不可去鳞也。清煨者，以河鳗一条，洗去滑涎，斩寸为段，入磁罐中，用酒水煨烂，下秋油起锅，加冬腌新芥菜作汤，重用葱、姜之类，以杀其腥。常熟顾比部家，用纤粉、山药干煨，亦妙。或加作料，直置盘中蒸之，不用水。家致华分司蒸鳗最佳。秋油、酒四六兑，务使汤浮于本身。起笼时，尤要恰好，迟则皮皱味失。

译

做鳗鱼时最忌讳把骨头剔除，因为鳗鱼是腥味很重的食物，不要过多地去摆弄它，否则容易失掉其本来的鲜味，就如同烹制鲥鱼时不要去掉鳞片一样。清煨鳗鱼时需选取一条河鳗，洗去身上腥味重的黏液，切成一寸左右的肉段，放入瓷罐中，加酒水煨烂，之后下秋油起锅加入冬天新腌制的芥菜做汤，要多放葱姜之类的作料，以去除鳗鱼的腥气。常熟顾比部家用芡粉和山药干煨的鳗鱼，也好吃。或者加作料，直接放入盘中蒸，不加水。家致华分司的蒸鳗鱼做得最好，把秋油和酒按四比六的比例兑好，一定要让汤盖过鳗鱼。起锅的时间一定要恰到好处，起锅晚了，鱼皮就会变皱，美味也会失掉。

汤鳗

汤煨甲鱼

原

将甲鱼白煮，去骨拆碎，用鸡汤、秋油、酒煨汤二碗，收至一碗，起锅，用葱、椒、姜末糁之。吴竹屿家制之最佳。微用纤，才得汤腻。

译

将甲鱼放入白水中煮，熟后剔去骨头，把肉拆碎，用鸡汤、秋油和酒煨上两碗汤，等两碗煨成一碗时起锅，放入葱、椒和姜末。吴竹屿家煨甲鱼煨得最好。另外，煨甲鱼时要稍微加点芡粉，这样汤才浓腻一些。

汤煨甲鱼

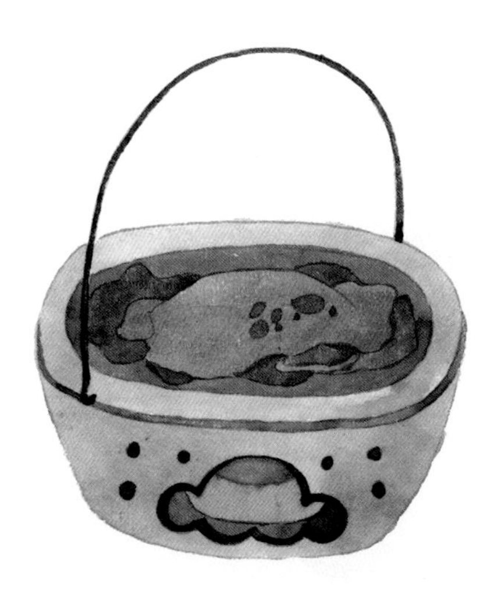

炒鳝

原

拆鳝丝炒之，略焦，如炒肉鸡之法，不可用水。

译

将鳝鱼切成肉丝，放入油锅内炒，炒到略微有点焦。炒鳝要用炒肉鸡的方法炒，不用加水。

虾饼

原

以虾捶烂，团而煎之，即为虾饼。

译

把虾捶烂，捏成团后放锅里煎一下，虾饼就做好了。

醉虾

原

带壳用酒炙黄捞起，加清酱、米醋煨之，用碗闷之。临食放盘中，其壳俱酥。

译

先把带壳的虾用酒煎黄，捞起，放入清酱和米醋中煨一下，再放入碗中焖一会儿。临食用前，将焖好的虾盛入盘中，虾的肉和壳都很酥脆。

蟹

原

蟹宜独食，不宜搭配他物。最好以淡盐汤煮熟，自剥自食为妙。蒸者味虽全，而失之太淡。

译

螃蟹适合单独烹制，不能和其他食料搭配。最好用淡盐水将蟹煮熟，自己剥自己吃最好。蒸蟹虽然能保全蟹有的味道，但会使之过于清淡。

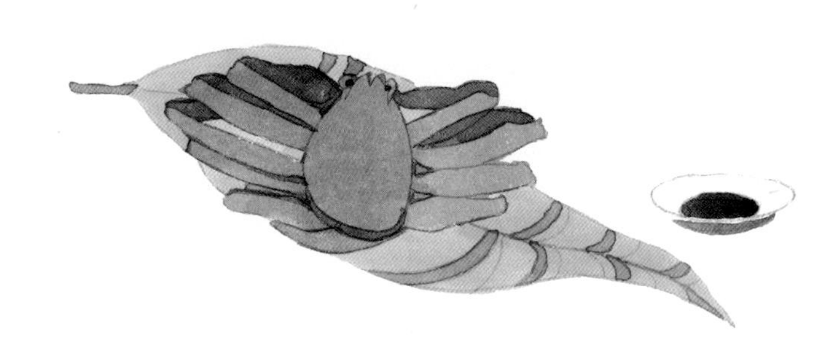

鲜蛏

原

烹蛏法与车螯同。单炒亦可。何春巢家蛏汤豆腐之妙，竟成绝品。

译

烹制蛏的方法与车螯相同。单炒蛏，不加其他食料也是可以的。何春巢家做的蛏汤豆腐美味极了，真可称得上是一绝。

鲜蛏

菜有荤素，犹衣有表里也。富贵之人，嗜素甚于嗜荤。作《素菜单》。

菜分荤菜和素菜，就像衣服分里层和外层一样。相比于荤菜，富贵之人更喜欢素菜。写作《杂素菜单》一章。

杂素菜单

蒋侍郎豆腐

原

豆腐两面去皮，每块切成十六片，晾干，用猪油熬，清烟起才下豆腐，略洒盐花一撮，翻身后，用好甜酒一茶杯，大虾米一百二十个；如无大虾米，用小虾米三百个；先将虾米滚泡一个时辰，秋油一小杯，再滚一回，加糖一撮，再滚一回，用细葱半寸许长，一百二十段，缓缓起锅。

译

把豆腐两面的皮都去掉，每块豆腐切成十六片，晾干后放入猪油中熬，注意要等锅内的猪油冒出青烟的时候才将豆腐放入。同时往锅中撒一小撮盐花，把豆腐翻个身，再放入一茶杯好甜酒、一百二十个大虾米。如果没有大虾米，就用三百个小虾米。要先将虾米滚泡两个小时，将滚泡过的虾米放入豆腐中，倒入一小杯甜酒，再滚上一回，加一撮糖，再滚一次，之后放入一百二十段半寸长的细葱，慢慢起锅。

蒋侍郎豆腐

青菜

原

青菜择嫩者，笋炒之。夏日芥末拌，加微醋，可以醒胃。加火腿片，可以作汤。亦须现拔者才软。

译

选择嫩的青菜，放入锅中和笋一起炒着吃。另外，夏天可用芥末拌青菜，稍微加一点醋，可以醒胃。可以用青菜跟火腿片来搭配做汤。注意青菜要现拔现吃才好，因为现拔的青菜比较软嫩。

青菜

蘑菇

原

蘑菇不止作汤，炒食亦佳。但口蘑最易藏沙，更易受霉，须藏之得法，制之得宜。鸡腿蘑便易收拾，亦复讨好。

译

蘑菇不仅可以用来熬汤，炒着吃也很好。但口蘑中是最容易藏沙子的，也很容易发霉，必须要好好存放，烹制也要得当。鸡腿蘑则比较容易收拾，也容易做出好的味道。

蘑菇

茄二法

原

吴小谷广文家，将整茄子削皮，滚水泡去苦汁，猪油炙之。炙时须待泡水干后，用甜酱水干煨，甚佳。卢八太爷家，切茄作小块，不去皮，入油灼微黄，加秋油炮炒，亦佳。是二法者，俱学之而未尽其妙，惟蒸烂划开，用麻油、米醋拌，则夏间亦颇可食。或煨干作脯，置盘中。

译

吴小谷广文家，将整只茄子的皮削掉，放入滚水中浸泡，把茄子中的苦汁泡掉。之后将茄子捞出，把茄子晾干，再放入锅中用猪油煎炸，之后用甜酱水干煨，这样做出来的茄子非常好吃。第二种是卢八太爷家的做法：不用给茄子去皮，把茄子切成小块，放入油锅中炸到微黄，再加入秋油爆炒。这两种方法我都学过，但都没有完全掌握。我只是把茄子蒸烂后用刀划开，拌入麻油和米醋，夏天也可以用这种吃法。另外还可以将茄子煨干后做成茄脯，放在盘中吃也不错。

茄二法

扁豆

原

取现采扁豆，用肉、汤炒之，去肉存豆。单炒者油重为佳。以肥软为贵。毛糙而瘦薄者，瘠土所生，不可食。

译

选取现摘的扁豆，放入带有肉的汤中烹炒，把肉拣出后只留下炒熟的扁豆。如果不放肉，只是单独炒扁豆的话，锅中的油要放多一点。扁豆以肉肥质软为好，那种毛糙且又瘦又薄的扁豆，是从贫瘠的土壤中长出来的，不适合用来做食物。

扁豆

煨木耳、香蕈

原

扬州定慧庵僧，能将木耳煨二分厚，香蕈煨三分厚。先取蘑菇熬汁为卤。

译

扬州定慧庵中的僧人，能把木耳煨到二分厚，把香菇煨到三分厚。做法是先把蘑菇熬成卤汁，再用这卤汁去煨煮木耳和香菇。

煨木耳、香蕈

小菜佐食，如府史胥徒佐六官也。醒脾解浊，全在于斯。作《小菜单》。

在吃饭时，小菜可以用来辅助进食，就像府史胥徒辅佐六官一样，小菜能醒脾也能解油。写作《小菜单》一章。

小菜单

宣城笋脯

原

宣城笋尖，色黑而肥，与天目笋大同小异，极佳。

译

宣城地区所产的笋尖，颜色黑，长得也肥，与天目笋大同小异，非常好吃。

笋油

笋十斤，蒸一日一夜，穿通其节，铺板上，如作豆腐法，上加一板压而榨之，使汁水流出，加炒盐一两，便是笋油。其笋晒干仍可作脯。天台僧制以送人。

选用十斤笋，蒸上一天一夜。将笋节穿通，铺在板子上，就像制作豆腐的方法一样，在笋上面铺一块板子，使劲压，使笋内的汁水流出，往榨出的汁水内放入一两炒盐，就制成了笋油。将榨油后的笋晒干后，可以制成笋脯。天台和尚常将制成的笋油送人。

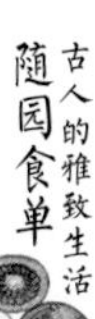

喇虎酱

秦椒捣烂，和甜酱蒸之，可用虾米搀入。

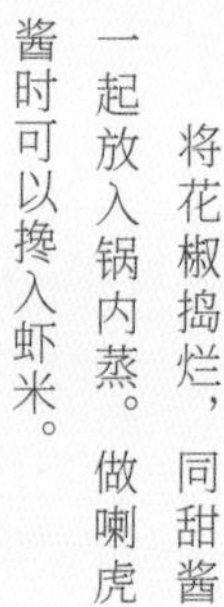

将花椒捣烂，同甜酱一起放入锅内蒸。做喇虎酱时可以搀入虾米。

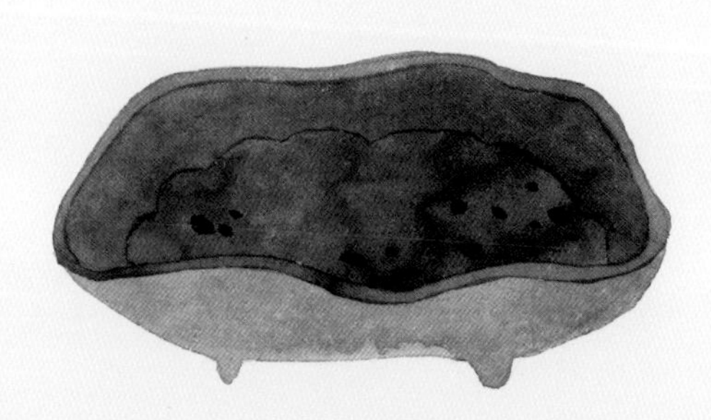

莴苣

食莴苣有二法：新酱者，松脆可爱；或腌之为脯，切片食甚鲜。然必以淡为贵，咸则味恶矣。

莴苣有两种吃法：用酱腌制，这样做出来的莴苣松脆可口。另一种吃法是将莴苣腌制后晒成干，切片食用，这种吃法口感鲜嫩。然而要注意的是，莴苣一定要清淡，咸了莴苣就很难吃。

腐干丝

原

将好腐干切丝极细，以虾子、秋油拌之。

译

将好的豆腐干切成极细的丝，放入虾子和秋油拌匀即可。

海蜇

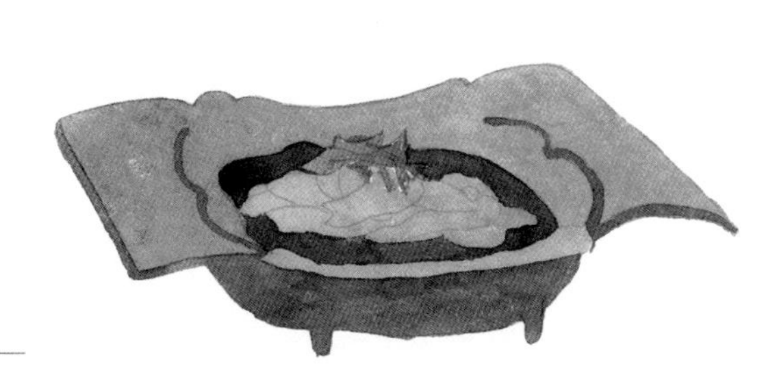

用嫩海蜇，甜酒浸之，颇有风味。其光者名为白皮，作丝，酒、醋同拌。

将鲜嫩的海蜇用甜酒浸泡后食用，吃起来很有滋味。比较光滑的海蜇又叫作白皮，将白皮切成丝，用酒和醋一同调拌食用也可以。

酱瓜

原

将瓜腌后，风干入酱，如酱姜之法。不难其甜，而难其脆。杭州施鲁箴家，制之最佳。据云：酱后晒干又酱，故皮薄而皱，上口脆。

译

先将瓜腌制一遍，之后风干，再次放入酱中腌制，类似于酱姜的做法。做酱瓜时，要把酱瓜做得甜一点并不难，难的是把酱瓜做脆。杭州施鲁箴家做的酱瓜最好吃。据说瓜在酱腌过之后晒干再腌，所以皮薄且皱，香脆可口。

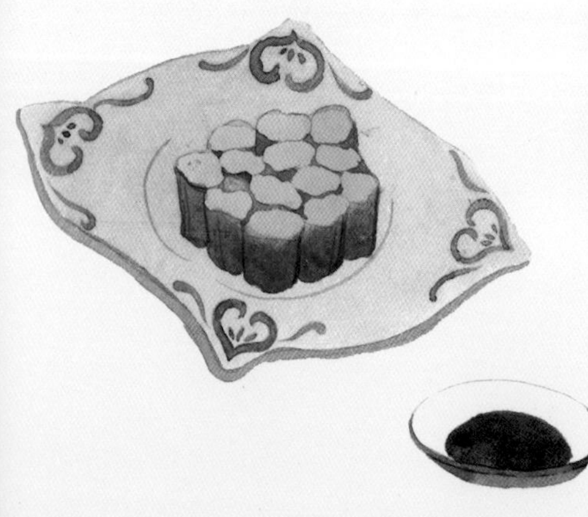

腌蛋

腌蛋以高邮为佳，颜色红而油多。高文端公最喜食之。席间先夹取以敬客。放盘中，总宜切开带壳，黄、白兼用；不可存黄去白，使味不全，油亦走散。

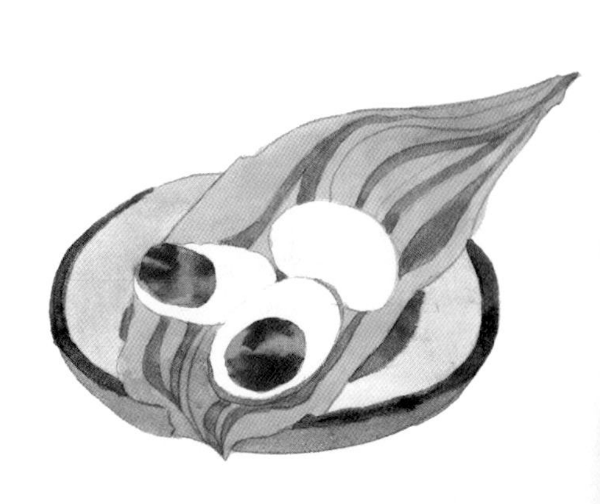

高邮出产的腌蛋最好吃，颜色红且蛋中油多。高文端公最喜欢吃腌蛋，在宴请宾客的时候，他常常夹起腌蛋来敬客。将腌蛋装盘时，要将腌蛋带壳切开，蛋黄和蛋白一起吃，如果只吃蛋黄不吃蛋白的话，腌蛋的味道就不全面，而且蛋黄中的油也容易流失。

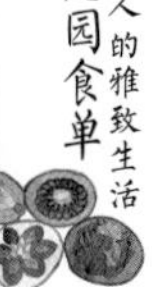

梁昭明以点心为小食，郑傪嫂劝叔『且点心』，由来旧矣。作《点心单》。

梁朝昭明太子称点心为小食，郑傪的嫂子劝他吃点心，点心这一称呼由来已久。写作《点心单》一章。

点心单

温面

原

将细面下汤沥干，放碗中，用鸡肉、香蕈浓卤，临吃，各自取瓢加上。

译

将细面放至汤里煮，煮熟后捞出来沥干，盛到碗中。同时用鸡肉和香菇制成浓卤汁，临吃时，各自用瓢将卤汁浇到面上就可以了。

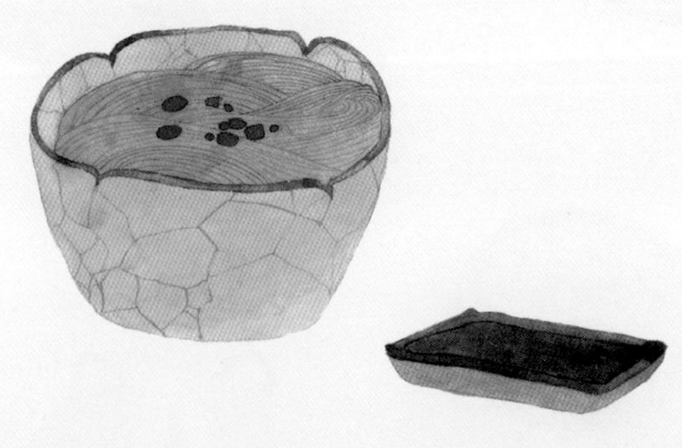

薄饼

山东孔藩台家制薄饼，薄若蝉翼，大若茶盘，柔腻绝伦。家人如其法为之，卒不能及，不知何故。秦人制小锡罐，装饼三十张。每客一罐。饼小如柑。罐有盖，可以贮。馅用炒肉丝，其细如发。葱亦如之。猪、羊并用，号曰『西饼』。

山东孔藩台家烧制的薄饼，薄得像蝉翼，大得像茶盘，柔软细腻，无与伦比。我的家人曾按照孔家的做法来做饼，却始终不如他家做得好吃，不知是为什么。陕甘地区的人用小锡罐装饼，每个小锡罐装饼三十张，每位客人一罐饼，饼小得跟柑一样。这种锡罐有盖子，饼可以放到里面储存。饼中的馅是用炒肉丝来做的，肉丝切得跟头发一样细，葱也如此。做饼时，可以同时放入猪肉和羊肉，这样做出来的饼被叫作『西饼』。

颠不棱

即肉饺也

原

糊面摊开，裹肉为馅蒸之。其讨好处，全在作馅得法，不过肉嫩、去筋、作料而已。余到广东，吃官镇台颠不棱，甚佳。中用肉皮煨膏为馅，故觉软美。

译

将揉好的面糊摊开，把肉裹进去做馅，上锅蒸。颠不棱之所以让人爱吃全在于肉馅调得好，当然，要调好肉馅，也不过是注意选嫩肉，把肉中的筋去掉，作料调拌得当而已。我曾在广东吃到官镇台的颠不棱，非常好吃，他们的做法是将肉皮煨成膏来做馅，所以吃起来会觉得柔软鲜美。

肉馄饨

作馄饨，与饺同。

制作馄饨的方法与饺子相同。

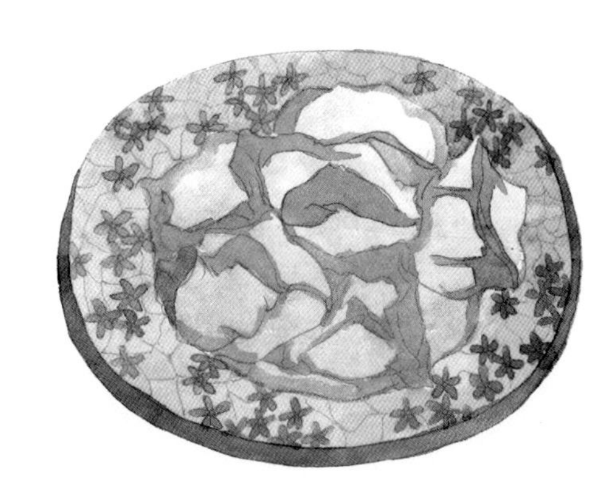

韭合

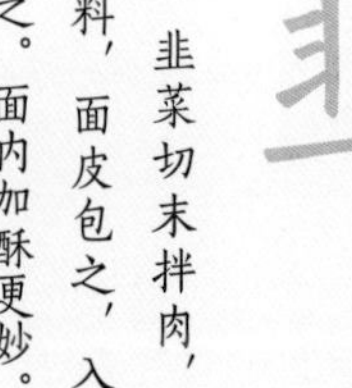

原

韭菜切末拌肉，加作料，面皮包之，入油灼之。面内加酥更妙。

译

将韭菜切成碎末，和肉搅拌在一起，加上作料，用面皮包起来，放入油中煎炸。如果在面里加上酥油就更好吃了。

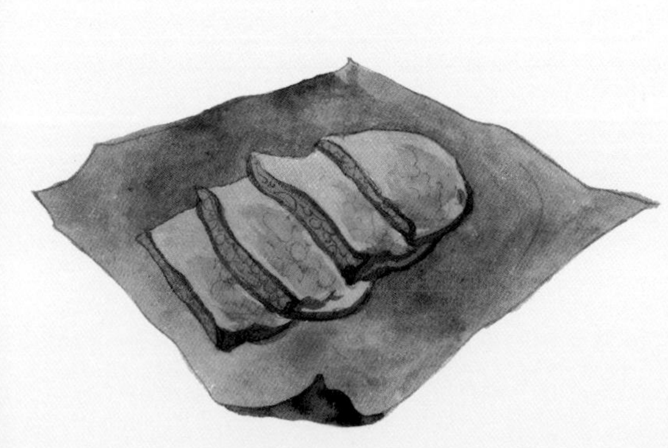

烧饼

用松子、胡桃仁敲碎，加糖屑、脂油，和面炙之，以两面熯黄为度，而加芝麻。扣儿会做，面罗至四五次，则白如雪矣。须用两面锅，上下放火，得奶酥更佳。

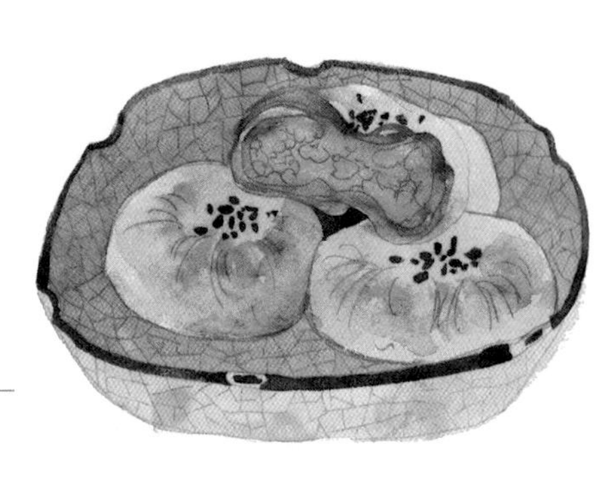

将松子、胡桃仁敲碎，加上糖末和脂油一同和入面中。将面和成饼后放到火上烘烤，饼两面都要烤黄，在上面撒些芝麻。扣儿会做烧饼，把面放到面筛子中筛过四五次后，面色如白雪。烘制烧饼时需要用两面锅，上下都要放上炭火。如果在烧饼内加入奶酥就更好了。

竹叶粽

原

取竹叶裹白糯米煮之。尖小，如初生菱角。

译

用竹叶将白糯米包裹起来煮着吃。煮好的竹叶粽又尖又小，像刚生出的菱角一样。

水粉汤圆

原

用水粉和作汤圆，滑腻异常，中用松仁、核桃、猪油、糖作馅，或嫩肉去筋丝捶烂，加葱末、秋油作馅亦可。作水粉法，以糯米浸水中一日夜，带水磨之，用布盛接，布下加灰，以去其渣，取细粉晒干用。

译

把水粉和成一个个的汤圆，非常滑腻。汤圆中用松仁、核桃、猪油、糖做馅，也可以用剁碎去筋的嫩肉做馅，加葱末和秋油也可以。做水粉的方法是：将糯米放入水中浸泡一天一夜，之后将糯米带水放到石磨上磨制，下边用布接住磨出来的糯米浆，布的下面放上灰，用来去掉渣子，之后选取细粉晒干就可以了。

栗糕

原

煮栗极烂，以纯糯粉加糖为糕蒸之，上加瓜仁、松子。此重阳小食也。

译

将栗子煮到极烂，与纯糯米粉、糖调拌成糕后蒸熟，在糕上加瓜仁和松子。栗糕是重阳节时吃的小点心。

青糕、青团

原

捣青草为汁，和粉作粉团，色如碧玉。

译

将青草捣出汁液来，和入面粉中制成粉团，色如碧玉。

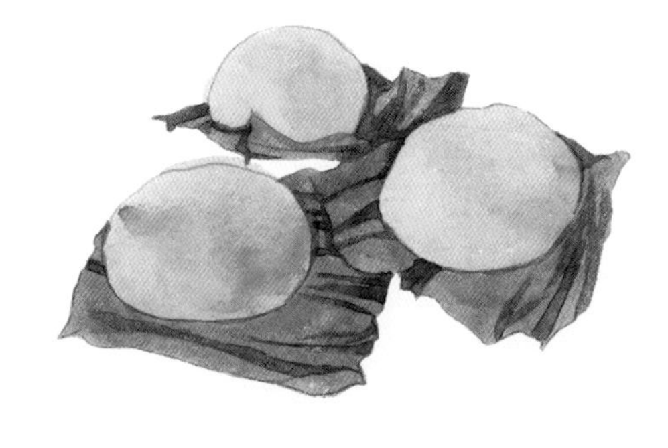

新栗、新菱

原

新出之栗，烂煮之，有松子仁香。厨人不肯煨烂，故金陵人有终身不知其味者。新菱亦然。金陵人待其老方食故也。

译

将新出的栗子煮烂熟，有松子仁的香味。而厨师一般不愿意将栗子煨烂，所以很多南京人一辈子都不知道它的香味。新出的菱角也是如此，因为南京人要等菱角老了才吃。

莲子

建莲虽贵，不如湖莲之易煮也。大概小熟，抽心去皮，后下汤，用文火煨之，闷住合盖，不可开视，不可停火。如此两炷香，则莲子熟时，不生骨矣。

福建出产的莲子虽然价格昂贵，但不如湖南产的莲子容易煮熟。大体来说，先将莲子煮到微熟，去掉莲子皮、莲子心，放入汤中文火慢煨。注意要把锅盖盖严实，不要打开看，也不要停火。这样煨煮两炷香的时间，莲子就煮熟了，吃的时候感觉不到莲子的生硬。

芋

原

十月天晴时，取芋子、芋头，晒之极干，放草中，勿使冻伤。春间煮食，有自然之甘。俗人不知。

译

等十月天气晴朗的时候，将芋子和芋头取出，晒至极干。之后将它们放入草中，注意不要让它们冻坏。春天时把这些芋子和芋头放入锅中煮着吃，有一种源于自然的甘甜之味。一般人不知道这种吃法。

芋

花边月饼

原

明府家制花边月饼，不在山东刘方伯之下。余尝以轿迎其女厨来园制造，看用飞面拌生猪油子团百搦，才用枣肉嵌入为馅，裁如碗大，以手搦其四边菱花样。用火盆两个，上下覆而炙之。枣不去皮，取其鲜也；油不先熬，取其生也。含之上口而化，甘而不腻，松而不滞，其工夫全在搦中，愈多愈妙。

译

明府家制作的花边月饼，好吃的程度不在山东刘方伯家之下。我常派人用轿子把明府家的女厨迎到我家来做月饼，她将生猪油拌入精面粉中，按揉成团，足足揉了上百下，才把做馅的枣肉放入其中。之后将月饼裁切成如碗一样大，用手在月饼的四周捏出菱花形的花边。再将月饼夹在两个火盆中间，上火烘烤。做花边月饼时，枣不要去掉皮，这样就保留了枣的鲜味；猪油也不要熬制，以保留猪油的生鲜。这样做出来的花边月饼入口即化，甜而不腻，松而不散。制作花边月饼的功夫全在揉面成饼的过程中，揉的次数越多越好。

花边月饼

制馒头法

原

偶食新明府馒头，白细如雪，面有银光，以为是北面之故。龙云不然。面不分南北，只要罗得极细。罗筛至五次，则自然白细，不必北面也。惟做酵最难。请其庖人来教，学之卒不能松散。

译

偶然吃到新明府的馒头，非常细软，色白细腻如雪，馒头表面散发着银光。我以为这是他家馒头用北方的精面粉做的缘故。龙告诉我不是这样的，面粉不分南北，只要把面粉筛得极细致就可以了，用筛子筛上五次，面粉自然就白细了，不一定非得是北方的精面粉。只是发酵面粉最难做，我请他家厨师来教，却始终学不会，馒头一直没能做出松软的效果。

制馒头法

粥饭本也，余菜末也。本立而道生。作《饭粥单》。

对于饮食来说，粥饭是根本，其他的菜都在其次。根本确立起来了，各种法则也就相应确立起来了。写作《饭粥单》一章。

饭粥单

饭

原

王莽云：『盐者，百肴之将。』余则曰：『饭者，百味之本。』《诗》称：『释之溲溲，蒸之浮浮。』是古人亦吃蒸饭。然终嫌米汁不在饭中。善煮饭者，虽煮如蒸，依旧颗粒分明，入口软糯。其诀有四：一要米好，或『香稻』，或『冬霜』，或『晚米』，或『观音籼』，或『桃花籼』，舂之极熟，霉天风摊播之，不使惹霉发疹。一要善淘，淘米时不惜工夫，用手揉擦，使水从箩中淋出，竟成清水，无复米色。一要用火先武后文，闷起得宜。一要相米放水，不多不少，燥

译

王莽曾说过：『盐是所有菜的将领。』我却要说：『饭是所有食物的根本。』《诗经》中记载了：『淘米的声音溲溲响，蒸饭时热气腾腾。』可见古人也是吃蒸饭的，只是终究还是嫌米汁不在饭中。善于煮饭的人做的饭，虽然是用煮的，却和蒸的一样，颗粒分明，入口感觉又软又黏。其诀窍有四点：第一是要用好米，可以用香稻米、冬霜米、晚米、观音籼，或者桃花籼。要将米舂干净，梅雨时节要将米摊开，不要让米发霉变质。第二是要仔细淘米，淘米时不要怕浪费工夫，反复用手揉搓，要淘到让淘米水变成清水，没有一点米色为止。第三是要掌握好火候，先用猛火再用文火，焖的时间和起锅的时间要掌握好。第四是放水要得当，要放得不多不少，使米饭干湿适中。往往会看到有些富贵人家，只对菜很讲究，对饭则

湿得宜。往往见富贵人家，讲菜不讲饭，逐末忘本，真为可笑。余不喜汤浇饭，恶失饭之本味故也。汤果佳，宁一口吃汤，一口吃饭，分前后食之，方两全其美。不得已，则用茶、用开水淘之，犹不夺饭之正味。饭之甘，在百味之上；知味者，遇好饭不必用菜。

比较马虎，这是在舍本逐末，真是可笑。我不太喜欢把汤浇到饭上吃，因为这样吃米饭本来的美味丧失。如果汤真的很好，那我宁可一边喝汤一边吃饭，汤和饭分开前后吃才是两全其美。不得已时，就用茶或开水淘饭，才不至于使饭的本味丧失。米饭的甘美，在其他食物之上，懂得品味饭的美味的人，遇到好吃的饭连菜都不想吃了。

饭

原

见水不见米，非粥也；见米不见水，非粥也。必使水米融洽，柔腻如一，而后谓之粥。尹文端公曰：『宁人等粥，毋粥等人。』此真名言，防停顿而味变汤干故也。近有为鸭粥者，入以荤腥；为八宝粥者，入以果品，俱失粥之正味。不得已，则夏用绿豆，冬用黍米，以五谷入五谷，尚属不妨。余尝食于某观察家，诸菜尚可，而饭粥粗粝，勉强咽下，归而大病。尝戏语人曰：此是五脏神暴落难，是故自禁受不得。

译

只见水不见米，不算是粥；只见米不见水，也不算是粥。做粥必须使水和米融为一体，吃起来又柔又腻，这样才算是真正的粥。尹文端公曾说：『宁可使人等着粥出锅，也不要使粥等着被人吃。』这句话简直是真理，因为粥放久了味就变了，汤也会变干。近来有人做鸭肉粥，将有腥味的鸭肉放入粥中，也有人在做八宝粥时放入果品，这都会使粥失去它的本味。不得不往粥中放东西时，那么就在夏天放绿豆冬天放黍米，将五谷放入五谷中，并没有什么大碍。我曾到某观察家吃饭，各种菜都还算可口，只是饭粥比较粗糙，勉强下咽，回家就生了场大病。我曾对人开玩笑说：这是我的五脏神落难了，所以自己受不了。

粥

七碗生风，一杯忘世，非饮用六清不可。作《茶酒单》。

喝七碗腋下生风，饮一杯忘掉世尘，饮用非六清不可。因此作《茶酒单》。

茶酒单

欲治好茶，先藏好水。水求中泠、惠泉。人家中何能置驿而办？然天泉水、雪水，力能藏之。水新则味辣，陈则味甘。尝尽天下之茶，以武夷山顶所生，冲开白色者为第一。然入贡尚不能多，况民间乎？其次，莫如龙井。清明前者，号『莲心』，太觉味淡，以多用为妙；雨前最好，一旗一枪，绿如碧玉。收法须用小纸包，每包四两，放石灰坛中，过十日则换石灰，上用纸盖扎住，否则气出而色味全变矣。烹时用武火，用穿心罐，一滚便泡，滚久则水味变矣。停滚再泡，则叶浮矣。一泡便饮，

要喝好茶，先存好水，泡茶应该用中泠泉、惠泉中的泉水。普通人家当然不能设置驿站运送泉水来喝。但天然的雨水、雪水却是容易储藏的。刚降下来的雨水和雪水味道比较辣，将它们放久了就有甘甜的味道。我尝尽了天下所有的茶，以武夷山顶所产，一冲就变成白色的茶叶最好喝。然而这种茶叶进贡给皇上还不够，民间又怎么能喝得到呢？除此之外，龙井算是最好的茶叶了。清明节前出产的龙井被称为『莲心』，味道比较淡，冲泡时最好多放一点。龙井数谷雨之前出产的最好，一旗一枪，绿得跟碧玉一样。收藏龙井茶时要用小纸包，每包四两茶叶，放入石灰坛中，过上十天就换一次石灰。石灰坛上要用纸盖扎住封好，否则茶叶的香味会散失，颜色也会变。烹煮时要用猛火，用穿心罐，水一煮滚就把茶叶泡上，水滚久了

用盖掩之，则味又变矣。此中消息，间不容发也。山西裴中丞尝谓人曰：『余昨日过随园，才吃一杯好茶。』呜呼！公山西人也，能为此言。而我见士大夫生长杭州，一入官场便吃熬茶，其苦如药，其色如血。此不过肠肥脑满之人吃槟榔法也。俗矣！除吾乡龙井外，余以为可饮者，胪列于后。

味道就会变。如果水停滚之后再泡茶，茶叶就会浮到水面上。茶水一泡好就要喝，如果用盖子盖住茶水，茶的味道又会变。这其中的差别是极其精细的，稍微不注意就会出现差错。山西裴中丞曾对别人说：『我昨天经过随园后，才喝到了一杯好茶。』唉！裴中丞是山西人，还能讲出这样的话。我见过很多生长在杭州的士大夫，一入官场便吃起了熬茶，味道苦得跟药一样，颜色红得跟血一样。这不过是那些脑满肥肠的人吃槟榔的方法，特别俗气！除了我家乡的龙井外，我认为好喝的茶叶，都罗列在后面了。

茶

武夷茶

原

余向不喜武夷茶，嫌其浓苦如饮药。然丙午秋，余游武夷到曼亭峰、天游寺诸处。僧道争以茶献。杯小如胡桃，壶小如香橼，每斟无一两。上口不忍遽咽，先嗅其香，再试其味，徐徐咀嚼而体贴之。果然清芬扑鼻，舌有余甘，一杯之后，再试一二杯，令人释躁平矜，怡情悦性。始觉龙井虽清而味薄矣，阳羡虽佳而韵逊矣。颇有玉与水晶，品格不同之故。故武夷享天下盛名，真乃不忝。且可以瀹至三次，而其味犹未尽。

译

我一向不喜欢喝武夷茶，总是嫌它的味道太苦，跟药一样。丙午年的秋天，我游玩到武夷山的曼亭峰、天游寺等地，僧人道士均拿武夷茶来招待我。他们的茶杯小得跟胡桃一样，茶壶则小得像香橼一样，每杯还不到一两茶水，然而茶水上口后就不忍心咽下去了。先闻闻茶的香味，再稍微喝一小口，尝尝茶的味道，慢慢地咀嚼茶叶，细细地品味，果然茶香扑鼻，喝过之后口中还留有余味。喝了一杯之后，再喝一两杯，心中的燥气和傲气都消失不见了，感觉心旷神怡。这时才觉得龙井虽然清香，味道却淡薄了一些；而阳羡茶虽然好喝，韵味却略逊色，这就如同玉和水晶的差别，不同的茶叶有不同的品格。所以武夷茶天下闻名，是当之无愧的。而且武夷茶冲泡三次过后，味道仍然没有泡尽。

武夷茶

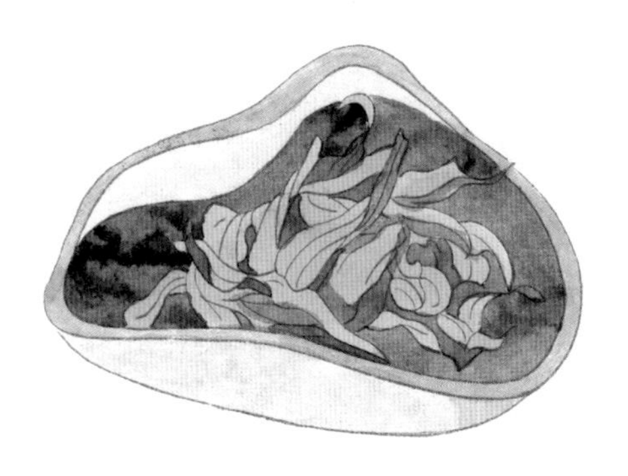

龙井茶

原

杭州山茶，处处皆清，不过以龙井为最耳。每还乡上冢，见管坟人家送一杯茶，水清茶绿，富贵人所不能吃者也。

译

杭州山间所产的茶叶，每一种都很香，不过这其中还是龙井最好。每次回老家扫墓，管坟的人都会送我一杯龙井茶喝，水清茶绿，这是富贵人家所不能喝到的。

龙井茶

常州阳羡茶

阳羡茶，深碧色，形如雀舌，又如巨米。味较龙井略浓。

阳羡茶，深绿色，形状像麻雀的舌头，又像巨大的米粒，味道比龙井稍微浓一些。

常州阳羡茶

洞庭君山茶

原

洞庭君山出茶，色味与龙井相同。叶微宽而绿过之。采掇最少。方毓川抚军曾惠两瓶，果然佳绝。后有送者，俱非真君山物矣。

此外如六安、银针、毛尖、梅片、安化，概行黜落。

译

洞庭君山所出产的茶叶，颜色和味道都与龙井相同，叶子比龙井宽，颜色也比龙井绿，但采摘量不大。方毓川抚军曾送给我两瓶君山茶，品尝后发现果然很好。后来也有人送，但都不是真正产自君山的茶叶。

另外，像六安、银针、毛尖、梅片、安化这一类的茶叶，就先不选入本书了。

洞庭君山茶

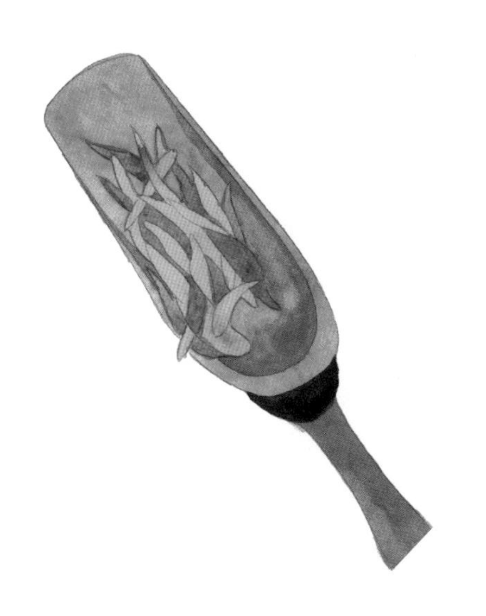

原

余性不近酒，故律酒过严，转能深知酒味。今海内动行绍兴，然沧酒之清，浔酒之洌，川酒之鲜，岂在绍兴下哉！大概酒似耆老宿儒，越陈越贵，以初开坛者为佳，谚所谓『酒头茶脚』是也。炖法不及则凉，太过则老，近火则味变，须隔水炖，而谨塞其出气处才佳。取可饮者，开列于后。

译

我天生不太喜欢饮酒，所以评判酒的标准也很严苛，这反而能使我更加了解酒的好坏。如今绍兴酒很流行，然而沧酒的清爽、浔酒的清澄、川酒的鲜美，都不在绍兴酒之下。大体来说，酒就像学问渊博的老学者，年纪越大越珍贵。刚开坛的酒最好喝，俗话说『酒头茶脚』就是这个意思。温酒的方法也要注意，温得不够酒太凉，温过了酒就变老了。温酒时靠火太近，酒容易变味，需要隔着水加温，同时要把酒壶塞严实，防止酒气外漏。现在选取几种能喝的酒列在后面。

酒

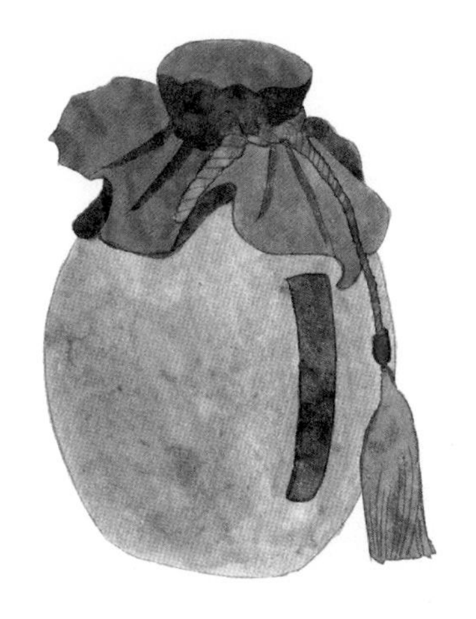

金坛于酒

原

于文襄公家所造，有甜、涩二种，以涩者为佳。一清彻骨，色若松花。其味略似绍兴，而清冽过之。

译

于文襄公家所酿的酒，有甜、涩两种口味，涩味的酒更好喝。这种酒喝下肚中，沁人心脾，颜色如松花一样，味道与绍兴酒相似，而比绍兴酒清爽。

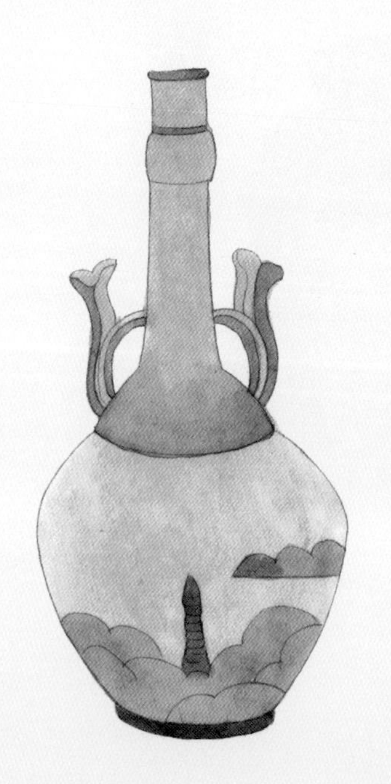

德州卢酒

卢雅雨转运家所造，色如于酒，而味略厚。

卢雅雨转运家所酿造的卢酒颜色跟于文襄家所酿的酒一样，而味道则更为醇厚。

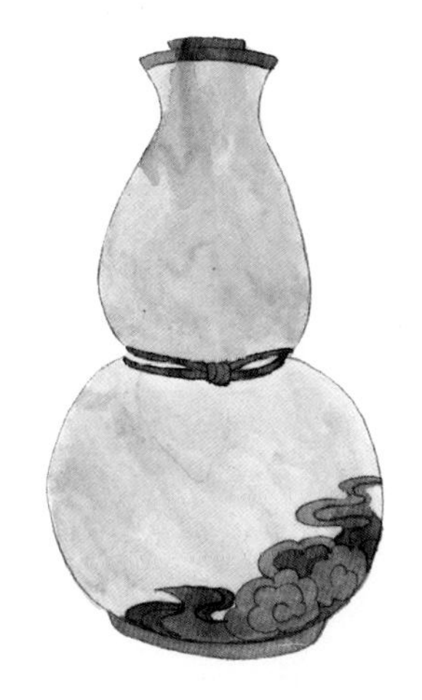

四川郫筒酒

原

郫筒酒，清冽彻底，饮之如梨汁蔗浆，不知其为酒也。但从四川万里而来，鲜有不味变者。余七饮郫筒，惟杨笠湖刺史木簰上所带为佳。

译

四川郫县产的郫筒酒清澄明透，喝起来如同在喝梨汁或甘蔗浆，几乎尝不出来是酒。但从四川这么远的地方运来，很少有不变味的。我曾经喝过七次郫筒酒，只有杨笠湖刺史那次用木筏运过来的最好喝。

绍兴酒

绍兴酒，如清官廉吏，不参一毫假，而其味方真。又如名士耆英，长留人间，阅尽世故，而其质愈厚。故绍兴酒，不过五年者不可饮，参水者亦不能过五年。余常称绍兴为名士，烧酒为光棍。

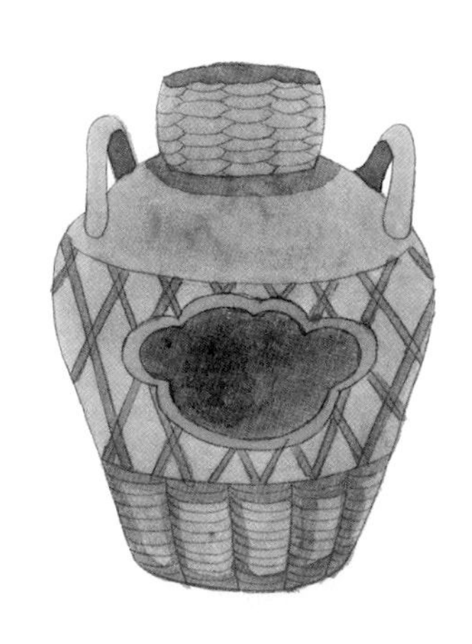

绍兴酒就如同是清官廉吏，不掺一丝一毫的假，味道醇真。而同时，绍兴酒又像是名士及德高望重的老人，饱经人世间的风雨，阅历丰富，这也使之更显醇厚。所以说，喝绍兴酒一定要喝存放时间超过五年的，而掺水的酒存放不了五年。我曾经将绍兴酒称为『名士』，而将烧酒称为『光棍』。

湖州南浔酒

原

湖州南浔酒，味似绍兴，而清辣过之。亦以过三年者为佳。

译

湖州的南浔酒，味道与绍兴酒相似，而清辣劲却比绍兴酒大。喝南浔酒，也是要喝存放时间超过三年的。

常州兰陵酒

唐诗有『兰陵美酒郁金香，玉碗盛来琥珀光』之句。余过常州，相国刘文定公饮以八年陈酒，果有琥珀之光。然味太浓厚，不复有清远之意矣。宜兴有蜀山酒，亦复相似。至于无锡酒，用天下第二泉所作，本是佳品，而被市井人苟且为之，遂至浇淳散朴，殊可惜也。据云有佳者，恰未曾饮过。

关于兰陵酒，唐诗中有『兰陵美酒郁金香，玉碗盛来琥珀光』的名句。有一次我到常州，相国刘文定公用存放了八年的兰陵酒来招待我，而这酒果然有如琥珀一样的光亮。但是味道却太浓厚了，没有清远的感觉。宜兴所产的蜀山酒，与兰陵酒有些相似。而至于无锡酒是用『天下第二泉』来酿制的，本应是好酒，但商人们都马马虎虎地酿制，使之应有的淳朴味道变淡消散，太可惜了。据说无锡酒有好喝的，只是我没有喝到过。

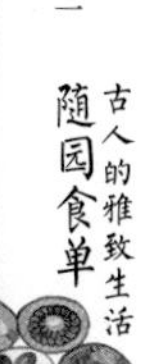

溧阳乌饭酒

余素不饮。丙戌年，在溧水叶比部家，饮乌饭酒至十六杯，傍人大骇，来相劝止。而余犹颓然，未忍释手。其色黑，其味甘鲜，口不能言其妙。据云溧水风俗：生一女，必造酒一坛，以青精饭为之。俟嫁此女，才饮此酒。以故极早亦须十五六年。打瓮时只剩半坛，质能胶口，香闻室外。

我一向不饮酒。丙戌年时，在溧水叶比部家做客，喝乌饭酒喝到了十六杯，席间旁人惊呆了，都来劝我不要再喝了。而我却并没有尽兴，舍不得放下酒杯。乌饭酒是黑色的，味道甘甜鲜美，口感妙不可言。据说溧水地区有这种风俗：生一个女儿，就用青精饭酿造一坛酒。等到女儿出嫁时才把这酒开坛来喝。所以就算是开坛最早的乌饭酒，也是存了十五六年的。乌饭酒打开时，坛中大约只剩下一半，酒好喝到粘嘴，香味飘散出去，连室外都能闻到。

溧阳乌饭酒

苏州陈三白酒

乾隆三十年，余饮于苏州周慕庵家。酒味鲜美，上口粘唇，在杯满而不溢。饮至十四杯，而不知是何酒，问之，主人曰：『陈十余年之三白酒也。』因余爱之，次日再送一坛来，则全然不是矣。甚矣！世间尤物之难多得也。按郑康成《周官》注盎齐云：『盎者翁翁然，如今酂白。』疑即此酒。

乾隆三十年，我曾在苏州周慕庵家饮酒。他家的酒味道鲜美，上口能粘住嘴，酒倒满杯却不溢出。喝到第十四杯时，我还不知道这是什么酒，问主人，告知说：『是放了十来年的三白酒。』因为我爱喝，第二天主人送了一坛过来，却完全不是昨天喝到的味道。真是可惜！这世间的好东西真是难得呀。郑玄在《周礼·天宫·酒正》中对『盎齐』的注解为：『盛着的翁翁然葱白颜色的酒，就是如今的酂白酒。』我怀疑他说的就是三白酒。

苏州陈三白酒

金华酒

原

金华酒，有绍兴之清，无其涩；有女贞之甜，无其俗。亦以陈者为佳。盖金华一路水清之故也。

译

金华酒有绍兴酒的清醇，而没有绍兴酒的涩味；有女贞酒的甘甜，而没有女贞酒的俗气。这种酒同样是越陈越香。金华酒之所以好喝，大概是金华一带水质很清的缘故吧。

金华酒

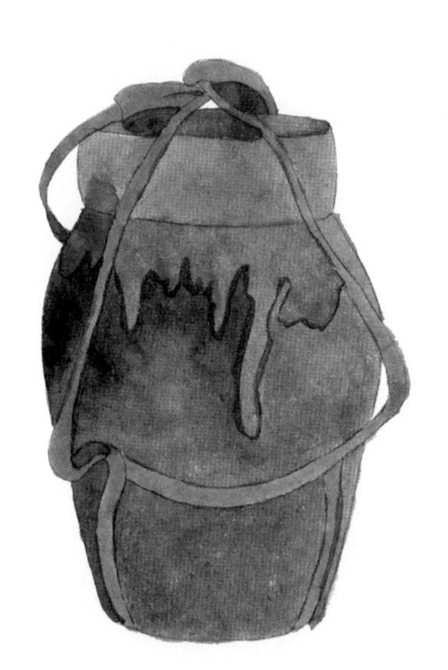

原

既吃烧酒，以狠为佳。汾酒乃烧酒之至狠者。余谓烧酒者，人中之光棍，县中之酷吏也。打擂台，非光棍不可；除盗贼，非酷吏不可；驱风寒、消积滞，非烧酒不可。汾酒之下，山东膏粱烧次之，能藏至十年，则酒色变绿，上口转甜，亦犹光棍做久，便无火气，殊可交也。尝见童二树家泡烧酒十斤，用枸杞四两、苍术二两、巴戟天一两，布扎一月，开瓮甚香。如吃猪头、羊尾、『跳神肉』之类，非烧酒不可。亦各有所宜也。

译

既然要喝烧酒，就要喝劲儿大的。汾酒是烧酒中酒劲儿最大的。我曾将烧酒比作『人中的光棍』『县衙中的酷吏』。打擂台时，只有光棍最厉害；除盗贼时，只有酷吏才能除尽；而驱风寒、消积滞，也只有喝烧酒才能起到作用。比汾酒稍次一点的是山东的膏粱烧酒。烧酒存放十年后，颜色会变绿，入口甘甜，这就像光棍做久了，火气便消了，也容易相处了。我曾见过童二树家酿制烧酒，酿十斤烧酒，将四两枸杞、二两苍术、一两巴戟天与酒一起放入坛中，用布扎好，酿一个月，开坛后味道很香。吃猪头肉、羊尾、跳神肉时，一定要喝烧酒。这就是搭配饮食的道理。

山西汾酒

此外如苏州之女贞、福贞、元燥，宣州之豆酒，通州之枣儿红，俱不入流品；至不堪者，扬州之木瓜也，上口便俗。

除了以上说的这些酒，还有苏州的女贞、福贞、元燥，宣州的豆酒，通州的枣儿红，这些酒都不入流。最不好的是扬州的木瓜酒，一入口便感觉俗气十足。

图书在版编目（CIP）数据

随园食单 /（清）袁枚著；洛北绘. -- 南昌：江西美术出版社，2020.1（2022.9 重印）
（古人的雅致生活）
ISBN 978-7-5480-7371-0

Ⅰ. ①随… Ⅱ. ①袁… ②洛… Ⅲ. ①烹饪－中国－清前期②食谱－中国－清前期③中式菜肴－中国－清前期Ⅳ. ① TS972.117

中国版本图书馆 CIP 数据核字（2019）第 240562 号

出 品 人：刘　芳
责任编辑：姚屹雯
责任印制：谭　勋
书籍设计：韩　超　先鋒設計 PIONEER DESIGN

随园食单 精选本
SUI YUAN SHI DAN
GUREN DE YAZHI SHENGHUO
古人的雅致生活

[清] 袁　枚 / 著　　洛　北 / 绘
出　　版：江西美术出版社
地　　址：南昌市子安路 66 号江美大厦
网　　址：jxfinearts.com
电子邮箱：jxms163@163.com
电　　话：0791-86566309
邮　　编：330025
经　　销：全国新华书店
印　　刷：浙江海虹彩色印务有限公司
版　　次：2020 年 1 月第 1 版
印　　次：2022 年 9 月第 2 次印刷
开　　本：787 毫米 ×1092 毫米　1/32
印　　张：7.375
书　　号：ISBN 978-7-5480-7371-0
定　　价：78.00 元

本书由江西美术出版社出版。未经出版者书面许可，不得以任何方式抄袭、复制或节录本书的任何部分。（版权所有，侵权必究）
本书法律顾问：江西豫章律师事务所　晏辉律师